U0333455

面食享不停

MIANSHI XIANG BUTING

灯芯绒——著

GUANGXI NORMAL UNIVERSITY PRESS

广西师范大学出版社

·桂林·

图书在版编目（CIP）数据

面食享不停 / 灯芯绒著. —桂林：广西师范大学出版社，
2017.11
ISBN 978-7-5598-0346-7

Ⅰ．①面… Ⅱ．①灯… Ⅲ．①面食－食谱 Ⅳ．
①TS972.132

中国版本图书馆 CIP 数据核字（2017）第 256337 号

广西师范大学出版社出版发行

（广西桂林市五里店路 9 号　邮政编码：541004）
网址：http://www.bbtpress.com
出版人：张艺兵
全国新华书店经销
山东德州新华印务有限责任公司印刷
（山东省德州市经济开发区晶华大道 2306 号　邮政编码：253074）
开本：720 mm × 1 020mm　1/16
印张：16.75　　字数：100 千字
2017 年 11 月第 1 版　　2017 年 11 月第 1 次印刷
定价：65.00 元
如发现印装质量问题，影响阅读，请与印刷厂联系调换。

目
录

馒头天天见，总有一款适合你（11道）

花卷，卷起来的幸福（7道）

包子，包罗万象的美味（11 道）

饺子，吃的就是家的味道（12 道）

面条君的百变诱惑（10道）

面饼美味的秘密（14道）

小面点，大滋味（10 道）

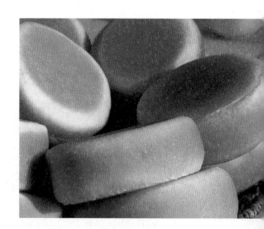

面与汤的缠缠绵绵（5道）

馒头天天见，
总有一款适合你

11道

馒头是北方人的生活主食，可以说是天天见。很多时候，千变万化的是馒头的外表，不变的是其醇厚的麦香滋味，总有一款适合你。

大枣饽饽

原料：

面粉 1200 克（8 个饽饽的量），酵母 10 克，猪油 60 克，白糖 80 克，蛋清 4 个。

做法：

1. 在盆中放入酵母，用 350 毫升 30 摄氏度的温水稀释，静置 3 分钟。

2. 添加融化的猪油、白糖和蛋清，用筷子搅匀。

3. 加入大约 400 克面粉。

4. 用筷子搅成稀糊状，盖上保鲜膜放温暖处饧发。

5. 待面酵表面出现小气泡时就可以用了。

6. 加入剩下的 800 克面粉。

7. 用筷子搅拌成絮状面块。

8. 将面块揉成光滑的湿面团，用保鲜膜封好，放温暖处再次饧发。

9. 待面团饧发至 2 倍大时取出。

10. 揉匀排气，将面团分割成 200 克一个的面剂。

11. 分别沾上干面粉，单独揉搓小面剂，揉至切开的截面没有明显气泡为止。

12. 把面剂揉成一个个光滑的圆面团。

13. 红枣去核，切成窄的枣条。

14. 取一个圆面团，揉成半球形，用两个拇指对顶，在面团中间顶端挑出面鼻儿，插入切好的红枣条（大饽饽可以用整颗红枣）。

15. 围绕中心的枣条，四周再插入几块枣条。

16. 将整好形状的枣饽饽盖上布，放在温暖处再次饧发。

17. 将面胚饧发至饱满轻盈状。

18. 放入锅中，开大火。等蒸锅上气后转中火继续蒸制 25 分钟。关火，虚蒸 5 分钟开锅即可。

温馨提示

1. 采用先打面酵的方式发面，发酵速度快，面食口感好，特别适合家庭在冬天温度低的情况下使用。

2. 发面的时候适量添加猪油，会让馍馍更白、更暄、更香。

3. 第二次饧发时间的长短要根据自己的室温、面粉湿度、酵母用量以及揉面力度等诸多细节的不同来区别对待，不能一概而论。只有经过充分的二次饧发，蒸出的面食才会达到蓬松暄软的理想效果。

4. 发面食品的蒸制，冷热水下锅均可。二次饧发充分的，开水下锅冷水下锅都行。二次饧发不充分的，一定要先用凉水下锅，因为锅内水在逐渐升温的过程中，可以让面团再次得到充分的饧发。

5. 想要馍馍形状漂亮，面团应该稍微硬点。这样揉好后再次饧发，生胚不容易变形。

6. 想要馍馍口感好、味道棒，需要用力揉面，一般揉至面团切开后断面细腻、无明显气孔为佳。若是没有力气揉面，可以用压面机来压面。

7. 馍馍的大小需要根据锅具以及自己的喜好来定。

8. 二次饧的馍馍生胚需要用干净毛巾或者包袱盖上，以免表皮干裂，影响品相。

南瓜红枣发糕

熟南瓜 500 克，面粉 300 克，糖 30 克，酵母 4 克。

做法：

1. 将南瓜去皮后切片。

2. 入锅用大火蒸至能用筷子轻松插透

即可关火。

3. 把蒸好的南瓜碾压成泥，晾凉。

4. 在晾凉后的南瓜泥中加酵母和白糖，搅拌均匀，静置 5 分钟，让酵母充分活化。

5. 添加面粉。

6. 用硅胶铲切拌均匀，拌至黏稠的糊状即可。

7. 在 9 寸披萨盘底和四周先刷层薄油。

8. 用硅胶铲把厚面糊铲进盘中，并尽量铺平。想要其好看的话，可以用湿手掌抹平表面。

9. 盖上盖子，放在温暖处饧发至面糊蓬松，大约有原来厚薄的 1.5 倍左右即可。

10. 将红枣清洗后，去核，切成条，备用。

11. 把红枣随意嵌入饧发好的面糊。

12. 放入蒸锅，大火烧开后转中火，继续蒸 25 分钟；关火后，虚蒸 5 分钟开锅。

13. 取出盘子，晾一下。待不烫手后，先用手把发糕从盘子边上一下下抻拉开，然后完整倒扣在面板上。

14. 分割成小块，装盘即可食用。

温馨提示

1. 南瓜泥的量要酌情把握。南瓜泥太多，水分太大，面糊会太湿，蒸出来的发糕口感不好。

2. 追求完美口感的，可以用料理机搅打南瓜泥。

3. 可以适量添加牛奶和鸡蛋，使南瓜发糕口感更加香甜。

4. 盛装面糊，一般选用披萨盘或者其他深盘、敞口碗、蛋糕模具等。

5. 披萨盘先抹油，是为了免沾，方便蒸好后的发糕完整取出。

6. 二次饧发时间不等。若是室温低的话，需要适当延长饧发时间。

7. 因为用模具盛装面糊，所以要适当延长蒸制时间。若是蒸制时间不足，发糕口感也会发黏、不暄软。发面食品的蒸制，冷热水下锅均可。

玉米面馒头

原料：

玉米面 150 克，小麦粉 350 克，酵母 3–4 克，水适量。

做法：

1. 用开水把玉米面烫一下，一边倒水，一边搅拌，然后放至凉透。

2. 把小麦粉倒进搅好的玉米面里。

3. 将酵母粉放碗里，用 30 摄氏度左

右的温水稀释，静置 3 分钟。

4. 把酵母水分次添加在干粉里，用筷子把所有的面粉都搅拌成湿面絮。

5. 揉成光滑的面团。

6. 盖上保鲜膜，放在温暖处饧发至面团蓬松，至原来的 2 倍大左右，取出。

7. 蘸干粉，揉匀，排气。

8. 分割成等大的面剂，逐个揉成光滑的馒头状，铺在干玉米皮上。全部做好以后，盖上布，放在温暖处进行二次饧发。

9. 馒头生胚饧发至蓬松状，放在手里有很轻盈的感觉时，逐个放在蒸屉上，冷水下锅。

10. 大火蒸制，上汽后继续蒸 18 分钟；关火后，虚蒸 3 分钟开锅。

温馨提示

1. 酵母的稀释，夏天用冷水也行，或者把酵母粉直接添加在面粉里也可以。

2. 用温水稀释酵母，一般需静置一会儿，主要是为了增加酵母的活性，从而加快面团的发酵速度。

3. 因为烫玉米面的时候已经在面团里添加了水，所以加面粉后再添加水时要注意控制量，试着一点点添加，不要一次性全部加入。

4. 馒头的蒸制时间不能一概而论。它是由馒头生胚的大小决定的，大馒头需要适当延长蒸制时间。

5. 发面食品的蒸制，关火以后不能马上开锅，那样容易造成馒头的回缩。

双色馒头卷

面粉 1000 克，酵母 8 克，水 500 克，苋菜 150 克。

做法：

1. 将苋菜摘洗干净，沥干水分。

2. 将苋菜入开水中焯烫至变色。

3. 把苋菜和彩色汁水一同倒入料理机搅打成汁液（约 250 克）。

4. 盛出。

5. 放凉。

6. 用苋菜汁液、酵母和面粉揉成一个彩色面团，盖上湿布饧发。

7. 用酵母、水和面粉揉成一个相同大小的白面团，盖上湿布饧发。

8. 待彩色面团蓬发至原来的2倍左右大，取出备用。

9. 待白面团蓬发至原来的2倍左右大，取出备用。

10. 将两个面团分别取出，揉匀，排气。

11. 将两个面团分别擀成厚薄均匀的长面片，每一个面片上涂上一层薄油。

12. 将两个面片叠在一起，继续擀薄。

13. 自一边卷起，然后分割成小块。

14. 用筷子在面卷中间深压下去。

15. 扯着两端反卷。

16. 将两端捏在一起即成双色花卷。

做好的生胚盖上湿布放在温暖处饧发，等到馒头生胚变得蓬松，掂在手里有明显很轻盈的感觉就可以下锅蒸制了。用大火蒸制，上汽后转中火，继续蒸制15分钟关火，虚蒸5分钟后开锅。

温馨提示

1. 做彩色面食，可以从菠菜、紫甘蓝、紫薯等食材中提取颜料。

2. 面片擀得越薄，彩色分层就越多；分层多了，外形看起来会更美。花卷的形状可以按照自己熟悉的手法制作。

紫薯豆沙包

豆沙馅料： 熟红豆 360 克，糖 60 克，黄油 20 克。

面皮原料： 面粉 500 克，紫薯粉 20 克，酵母 4 克，水约 250 克。

做法：

1. 在煮好的红豆中添加适量白糖。

2. 倒入料理机中，添加少量热水，搅 打成细腻的豆沙。

3. 在平锅里添加黄油加热至融化。

4. 添加搅打好的豆沙，用中火不停翻炒。

5. 炒至水分蒸发，达到自己满意的干湿度即可。

6. 取出晾凉，分别团成结实的豆沙球。

7. 在面粉中添加少量紫薯粉和酵母拌匀。

8. 添加适量水分，一边添加，一边搅拌成湿面絮。

9. 揉成光滑的面团，盖上湿布，放在温暖处进行饧发。

10. 待面团蓬发至原来的 2 倍大小，取出。

11. 揉匀，排气，用刀切成小的面块。

12. 重新把小面块揉到一起，揉至光滑。

13. 分割成等大的面剂。

14. 把面剂擀成圆包子皮，包入豆沙馅料。

15. 包成圆包子状，收口捏紧。

16. 收口朝下依次摆放，盖上湿布，进行二次饧发。

17. 等到生胚蓬发呈轻盈状，依次摆放到锅里。大火蒸制，上汽后转中火继续蒸制 15 分钟；关火后，虚蒸 5 分钟开锅。

温馨提示

1. 面团的紫色，可以从紫薯、紫甘蓝、紫色火龙果等食材中提取。

2. 炒制豆沙时，千万不要炒得太干，因为停火以后，豆沙里的水分还会继续蒸发，太干的豆沙口感不好，也不容易团成团。

3. 制作工序第 11 步，把面团分割成小块，然后重新揉成一大块，这种切割方法会加速面团排气的速度。

4. 生胚的二次饧发时间视情况而定，只要看到生胚变得蓬松，拿起一个托在掌心感觉很轻盈就可以下锅了。

蔓越莓发糕

原料：

细玉米面75克，小麦面粉150克，蔓越莓干50克，酵母4克，牛奶160克，白糖20克。

做法：

1. 将细玉米面和小麦面粉以 1 ：2 的比例混合，添加少量白糖。

2. 将蔓越莓干切碎，备用。

3. 把酵母溶解在牛奶中。

4. 把添加了酵母的牛奶分次倒入面粉中。一边倒，一边用筷子搅拌均匀，牛奶不够的话可以适量添加水。

5. 加进蔓越莓干。

6. 把搅好的湿面块揉成比馒头面团稍软的面团。

7. 把揉好的面团平铺进抹了油的模具中。

8. 盖上保鲜膜放在温暖处饧发至蓬松轻盈状。

9. 开水入锅，大火蒸制，上汽后继续蒸25分钟左右关火，虚蒸5分钟后打开锅盖，取出晾凉，切块食用。

温馨提示

1. 追求口感好的话，可以把玉米面和小麦面粉的比例调整为 1：3。

2. 蒸制时间随发糕的大小厚薄来定。若使用底部不透气的模具蒸制的话，需要适当延长蒸制时间。

3. 发糕要趁热食用，凉后口感发硬。

石磨全麦馒头

石磨全麦粉 250 克，普通面粉 250 克，牛奶约 250 克，酵母 4 克。

做法：

1. 用温牛奶稀释酵母，静置 3 分钟。

2. 添加全麦面粉和普通面粉各一半。

3. 搅拌均匀后，揉成软硬适中的面团，盖上保鲜膜放在温暖处发酵。

4. 待面团饧发至原来2倍大小，取出，揉匀，排气。

5. 分割成等大的面剂，逐个揉成圆形馒头状。馒头生胚全部做好以后，盖上毛巾进行二次饧发。

6. 饧发至馒头生胚蓬松轻盈状，冷水下锅，大火蒸制。上汽后继续蒸15分钟，停火后再虚蒸3分钟，开锅。

温馨提示

1. 如果都用全麦粉，馒头的口感粗糙些，适当加入普通面粉会改善馒头的口感。

2. 蒸制馒头停火以后不要马上开锅，一般等三五分钟后再开锅，以免馒头回缩。

黑芝麻酱刀切馒头

原料:

面粉 500 克,黑芝麻酱 55 克,酵母 3-4 克,水 250 克,白糖 25 克。

做法:

1. 将酵母用少许温水稀释,静置 3 分钟。

2. 添加面粉、白糖和黑芝麻酱。

3. 一边加水,一边用筷子把面粉搅拌成湿面絮。

4. 揉成光滑的面团，盖上盖子饧发。

5. 待面团蓬发至原来的 2 倍大小时，取出。

6. 揉匀，排气。

7. 用擀面杖把面团擀成长方形面片。

8. 折叠面片。

9. 继续擀开。可以重复此动作，直至面皮上没有明显的气泡为止，然后把面片紧实卷起。

10. 切成大小均匀的馒头卷。在馒头生胚上盖上厚布，进行二次饧发，饧发至馒头生胚变得蓬松，掂在手里感觉很轻盈时把馒头放入锅内，冷热水下锅均可。大火烧开后转中火，继续蒸制15分钟，关火后再虚蒸 5 分钟开锅。

温馨提示

1. 用花生酱、白芝麻酱或者芝麻粉代替黑芝麻酱都可以。
2. 黑芝麻酱不要用得太多，用太多味道会发苦。
3. 我用的芝麻酱是原味的，若是甜味的酱，白糖可以不添加。
4. 馒头的蒸制时间视馒头大小灵活掌握。

红豆馒头

原料：

面粉 500 克，酵母 3-4 克，水 235 克，熟红豆 150 克。

做法：

1. 将红豆提前用水浸泡半天，然后用高压锅压熟。

2. 将酵母用少量温水稀释，静置 3 分钟。

3. 添加面粉，同时添加煮好晾凉的红豆。

4. 用筷子搅匀。

5. 揉成面团，盖上湿布放在温暖处饧发。

6. 待面团发酵蓬松至原来的 2 倍左右时，取出。

7. 揉匀，排气。

8. 分割成等大的面剂。

9. 把面剂揉成光滑的半圆形馒头。

10. 全部揉好以后，给馒头生胚铺上干玉米叶，然后盖上湿布，进行二次饧发。

11. 等到馒头生胚变得蓬松，掂在手里感觉很轻盈，逐个摆入蒸锅屉中。

12. 盖盖，开火，大火蒸制。上汽后转中火，继续蒸15分钟，关火，虚蒸5分钟开锅。

温馨提示

1. 可以用其他杂豆来代替红豆。

2. 用高压锅压制红豆的时候，水不要添加太多，刚刚没过豆子就行。水太多，煮熟的红豆太湿太黏，会影响到馒头的口感。

3. 在馒头中添加熟红豆的量不能太多。否则湿气太大，也会影响到馒头的口感。

果仁糖包

原料：

面粉 500 克，酵母 5 克，牛奶 200 克，水 85 克，果仁 220 克（美国大杏仁、熟花生、熟芝麻、葡萄干），白糖、干面粉适量。

做法：

1. 将酵母用牛奶稀释，静置 3 分钟。　　2. 添加面粉和水，用筷子搅成湿面絮。

3. 将湿面絮揉成光滑的面团，盖上保鲜膜，放在室温下发酵。

4. 把坚果擀碎。

5. 添加葡萄干、白糖和少量干面粉拌匀当做馅料。

6. 将面团发酵至 2 倍大小，取出，揉匀，排气。

7. 分割成大小均匀的面剂，再次揉匀。

8. 擀成厚薄均匀的包子皮，包入一勺馅料。

9. 捏成三角状。

10. 把做好的三角包盖上湿布进行二次发酵。

11. 待到三角包变蓬松了，凉水下锅，开火，蒸制。上汽后转中火继续蒸 15 分钟，关火，虚蒸 5 分钟后开锅。

温馨提示

1. 具体蒸制时间根据糖包的大小决定。

2. 白糖可以换成红糖。

3. 坚果的种类可以根据自己的口味自由组合。

4. 包成圆包子状更省事儿，还可以做成发面甜馅饼，用饼铛或平锅烙制，也可以用烤箱烤制。

南瓜馒头

原料：

面粉 700 克，酵母 7 克，去皮南瓜 200 克，水约 200 克。

做法：

1. 将南瓜去皮切片，入锅蒸熟。

2. 将蒸熟后的南瓜捣成泥，晾凉。

3. 将酵母用温水稀释，静置3分钟。　筷子搅拌成细小的湿面絮。

4. 添加面粉。　　　　　　　　　7. 把湿面絮揉搓摁压在一起。

5. 添加南瓜泥。　　　　　　　　8. 揉成光滑的面团。

6. 分次添加水，一边添加，一边用

9. 盖上保鲜膜，放在温暖处饧发至原来的 2 倍大。

10. 取出，揉匀，排气，分割成等大的面剂。

11. 将单个面剂揉成馒头状，盖上布，放在温暖处进行二次饧发。

12. 至馒头呈蓬松轻盈状放入蒸锅，大火蒸制。上汽后转中火蒸 15 分钟左右，关火后，虚蒸 5 分钟再开锅。

温馨提示

1. 南瓜泥的含水量大，将面搅拌成湿棉絮时，水要适量添加，以揉好的面团不沾手为宜。

2. 用不锈钢锅具蒸制馒头，馒头上汽后转成中火，以免大火造成水蒸气滴落烫死馒头。

3. 关火以后不要马上揭开锅盖，以免造成馒头回缩，一般关火以后虚蒸 5 分钟再开锅。

4. 南瓜泥可以用红薯泥、紫薯泥、豆渣等代替。

5. 还可以在面粉中少量添加其他杂粮，比如芝麻粉、紫米粉、玉米面等等。

6. 添加杂粮的总量以不超过总粉量的三分之一为宜。

花卷，
卷起来的幸福

7道

　　花卷是和馒头类似的面食。它是一种古老的汉族面食，也是一种家常主食，可以做成椒盐、葱油等多种口味。它营养丰富，做法简单，可谓一卷在手，幸福全有。

豆渣南瓜葱油卷

原料：

面粉 500 克，酵母 5 克，熟南瓜适量，豆渣半碗。

做法：

1. 用少量温水把酵母融化，静置 3 分钟。把熟南瓜、豆渣倒入盆中。

2. 加入面粉。

3. 用筷子搅拌成湿面絮。

4. 揉成光滑的面团，放在温暖处饧发。

5. 至面团蓬松到原面团2倍大小即可。

6. 取出，揉匀，排气，按扁。

7. 把面团擀成均匀厚薄的饼状。

8. 在饼面上刷层薄油，撒上少许盐、葱花和黑芝麻。

9. 自面皮一端卷起。

10. 分割成等大的面剂。

11. 取两块面剂叠起，用筷子在面剂中间压实。

12. 手持面剂两端抻开。

13. 再对折捏紧。

14. 整形后盖布放在温暖处，进行二次饧发。

15. 饧发充分后，冷水下锅，大火蒸制。上汽后转中火，继续蒸12分钟关火，虚蒸5分钟即可出锅。

温馨提示

1. 用熟南瓜揉面，无需添加水，因为瓜中的水分大，只要揉成不粘手、软硬适中的面团即可。

2. 冬季室温低，两次饧发时间的长短视具体情况而定。

3. 用了油的面胚二次饧发时间要比平常更长些。

紫薯葱油卷

原料：

面粉 500 克，酵母 5 克，紫薯泥 200 克，自制葱油、椒盐、孜然粗粉、水适量。

做法：

1. 将蒸熟的紫薯去皮后捣碎。

2. 将酵母用温水稀释，静置 2 分钟。

3. 添加面粉和紫薯。

4. 适量添加水，揉成软硬适中的光滑面团。

5. 盖上湿布或保鲜膜饧发，至面团蓬松到 2 倍大左右，取出，揉匀。

6. 擀成长方形的面片，均匀涂抹一层葱油。

7. 均匀撒上一层椒盐和孜然粗粉。

8. 自面片一端紧实卷起。

9. 分割成均匀的小段，两个叠加，然

后用筷子从中间压一下。

10. 抻长，翻卷，捏合，做成花卷状，盖上湿布进行二次饧发。

11. 饧发至蓬松轻盈状，入锅蒸制。开锅后转中火，继续蒸 15 分钟关火，虚蒸 5 分钟开锅。

温馨提示

1. 若没有葱油，用自己喜欢的其他食用油也可以，但不如葱油做得香。

2. 面团因为里面有紫薯，所以要酌情控制水的用量，饧发好的面团比最初揉好的要软很多。

3. 面食蒸制，冷、热水下锅均可。具体蒸制时间根据面胚的实际大小决定，蒸制时间一定要充足。蒸好以后不要马上开锅，关火后虚蒸三五分钟再揭开锅盖。

4. 紫薯可以换成红薯、南瓜，或者在面粉中少量添加杂粮粉，杂粮粉以不超过面粉总量的三分之一为宜。

5. 椒盐、孜然可以用黑胡椒粉、五香粉、辣椒粉、咖喱粉等代替。

6. 还可以用葱花、火腿、肉末或肉松等做花卷。

肉松花卷

面粉 500 克，酵母 5 克，肉松 100 克，水约 250 克。

做法：

1. 将酵母用温水稀释，静置 3 分钟。加面粉，一边添加，一边用筷子搅成湿面絮。揉成光滑的面团，盖上保鲜膜，放在温暖处饧发。

2. 饧发至原来的 2 倍大小，取出。

3. 揉匀，排气。

4. 擀成长方形厚薄均匀的大面片。

5. 在面片上抹一层薄薄的油，然后均匀撒上一层肉松。

6. 自面片一端紧实卷起。

7. 分割成均匀的小段。

8. 取其中一段，用筷子从中间压一下。沿压线慢慢向两端抻长，两手反方向扭一下，然后两端捏合在一起。

9. 全部做好以后，盖上湿布进行二次饧发。二次饧发至蓬松轻盈状，入锅蒸制。开锅后转中火，继续蒸制 15 分钟关火，虚蒸 5 分钟即可开锅。

温馨提示

1. 蒸制发面食品，冷、热水下锅均可。

2. 具体蒸制时间根据面胚的实际大小决定，蒸制时间一定要充足。

3. 蒸好以后不要马上开锅，关火后，虚蒸几分钟再揭开锅。

苦豆子香花卷

原料：

面粉 500 克，酵母 4 克，盐 6 克，苦豆子粉小半碗，植物油适量。

做法：

1. 将酵母用温水稀释，静置一会儿。添加面粉，用筷子搅成湿面絮。揉成软硬适中的光滑面团，盖上保鲜膜饧发。

2. 用勺子把油烧热。

3. 趁热浇在盛放苦豆子粉的碗中。

4. 添加适量盐，搅拌均匀。

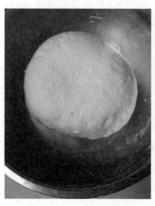

5. 将面团发酵至 2 倍大小，取出。

6. 揉匀，排气。

7. 擀成均匀厚薄的薄面片。把拌好的苦豆子粉均匀涂抹在面皮上。

8. 从一边紧实卷起面皮。

9. 分割成小段。

10. 取两段面卷叠放在一起，然后用筷子在中间压实。

11. 双手抻起面卷的两端拉长、翻卷，然后把底部重叠捏在一起。

12. 做好的花卷再次饧发至蓬松轻盈

状，入锅，大火蒸制。上汽后转中火继续蒸 15 分钟，关火后，虚蒸 5 分钟开锅。

温馨提示

1. 将酵母稀释后静置一会儿，是为了增加酵母的活性，从而加快面团发酵的速度。

2. 用温水稀释酵母，也是为了加快发酵速度，但水温不能过高，否则就把酵母给烫死了。

3. 第 8 步擀卷面皮的时候，中间不要留空隙，面卷要卷得紧实，这样做出来的花卷有型好看、不松散。

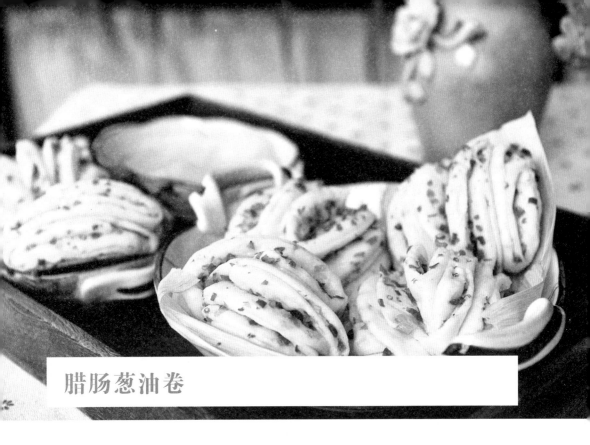

腊肠葱油卷

原料：

面粉 500 克，酵母 4 克，水约 250 克，腊肠 1 根，小葱 1 把。

做法：

1. 将酵母用温水稀释，静置 3 分钟，添加面粉。一边添加，一边用筷子搅成湿面絮。

2. 揉成光滑的面团，盖上湿布，放在温暖处饧发。

3. 将小葱洗净，腊肠提前蒸熟晾凉。

4. 将腊肠切成小丁。

5. 将小葱切碎。

6. 将面团饧发至原来的2倍大小，取出，揉匀，排气。

7. 将揉好的面团擀成一个厚薄均匀的长方形面片。

8. 均匀地涂抹上一层薄油。

9. 撒上一层葱碎和腊肠碎。

10. 自面皮的两个短边开始紧实卷起。

11. 对折在一起。

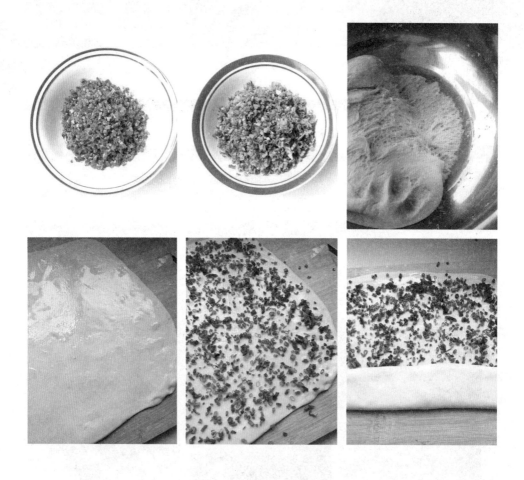

12. 用刀分割成等大的面卷。

13. 取两个面卷叠在一起，用筷子在中间压实。

14. 把面卷两端抻长，把两端对折捏在一起。

15. 全部做好以后，盖上湿布进行二次饧发。饧发至生胚蓬松轻盈状，放入锅内，大火蒸制。上汽后转中火继续蒸15分钟，关火后，虚蒸5分钟取出。

温馨提示

1. 如果不用腊肠，也可以用自己喜欢的其他口味香肠或者肉碎代替。

2. 小葱要切成细碎状，不要乱刀剁，剁出来的葱味道不好。

南瓜丝卷

原料：

面粉 650 克，水约 70 克，熟南瓜 320 克，酵母 4-5 克。

做法：

1. 将南瓜去皮去瓤，切成薄片。

2. 入锅蒸制，蒸至用筷子能插透的程

度即可关火，晾凉。

3. 将酵母用水稀释，静置 3 分钟。

4. 添加面粉和凉透的南瓜。

5. 用筷子搅拌或者用手掌搓，直至全部成为湿面絮。

6. 揉成光滑的面团，盖上盖子，室温下饧发。

7. 面团蓬松至原来的2倍大小，取出。

8. 揉匀，排气。

9. 擀成厚薄均匀的长方形面片。

10. 刷上一层薄油。

11. 把面皮分割成长面条。

12. 6-8 条组成一组。

13. 慢慢抻长。

14. 随意把面条缠绕在筷子上或者手指上，最后将收口处朝下。

15. 将做好的花卷盖上厚布进行二次饧发，待面胚明显变大蓬松，掂在手里很轻盈时，入锅大火蒸制。上汽后转中火继续蒸 15 分钟，关火后，虚蒸 5 分钟开锅。

温馨提示

1. 可以用紫薯泥、山药泥等代替南瓜泥。

2. 南瓜的含水量不同，所以用量不能照搬。不要一次放入过多，试着一点点添加。

3. 面条切得越细，做出来的花卷越漂亮。

4. 具体蒸制时间要看自己的面食大小，灵活掌握。

肉龙

原料：

面粉 500 克，酵母 4 克，水约 250 克，猪肉 250 克（三肥七瘦），葱、姜适量。

做法：

1. 将酵母用水稀释，静置 3 分钟，添加面粉。一边添加，一边用筷子搅成面絮状，最后揉成光滑的面团，盖上保鲜膜饧发。

2. 将猪肉洗净，先切成小丁，然后剁成肉馅。剁馅的过程中，可以分次适量加水，以肉馅不粘刀为准。

3. 在猪肉中添加姜末和葱碎。

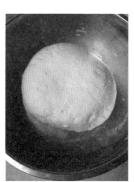  

4. 添加油、盐、酱油、味精、料酒和白胡椒粉，顺时针搅打成上劲儿的肉馅。

5. 将面团饧发至原来的2倍大小，取出。

6. 揉匀，排气。

7. 擀成长方形厚薄均匀的面片。

8. 均匀涂抹上一层肉馅。

9. 从窄的一边紧实卷起。

10. 收口捏紧。

11. 屉上刷层薄油，把卷好的肉龙直接放进锅里，进行二次饧发。

12. 看到生胚明显蓬松，大火蒸制，开锅后转中火继续蒸制 25 分钟，关火后，虚蒸 5 分钟开锅。

13. 稍微晾凉下，用刀切开即可食用。

温馨提示

1. 猪肉选用三肥七瘦的，做出的肉龙口感会更香更润。

2. 剁肉馅和搅拌肉馅时，少量分次添加水，水太多的话，会影响面皮的蓬松效果。

3. 铺好肉馅卷起面皮的时候，一定要卷得紧点，否则蒸出来松松散散，肉馅与面皮会分离。

包子，
包罗万象的美味

11道

　　包子一般是用面粉发酵做成的，外形依据馅心的大小有所不同。最小的可以称作小笼包，其他依次为中包、大包。常用馅心为猪肉、羊肉、牛肉、粉条、香菇、豆沙、芹菜、韭菜、豆腐、木耳、蛋黄、芝麻等。包子的馅料包罗万象，它让食材不再孤单，让美味更具特色。

槐花虾米猪肉包子

原料：

面皮原料： 面粉 500 克，酵母 5 克，水约 250 克。

馅料原料： 新鲜槐花 500 克，猪肉 300 克，小虾米 50 克，生姜、小葱适量。

做法：

1. 将酵母用 30 摄氏度左右的温水稀释，静置 3 分钟，添加面粉，搅成絮状，然后揉成光滑的面团。盖上盖子，室温下饧发至 2 倍大小。

2. 将槐花拣净叶片和叶梗清洗干净，入开水中焯一下。捞出过凉后，浸泡半

小时，捞出，攥干水分。

 3. 将小虾米清洗干净，沥干水分。

 4. 将猪肉切丁，添加姜末、豆面酱、料酒和香油拌匀，腌制 30 分钟。

 5. 将小葱洗净，切碎。

6. 将以上馅料混合。

7. 添加油、盐、味精拌匀。

8. 取出饧好的面团，揉匀，排气。

9. 分割成等大的面剂。

10. 擀皮，包馅。

11. 在包好的包子上盖上湿布，室温下进行二次饧发。

12. 至面皮呈蓬松轻盈状，入锅大火蒸制。

13. 上汽后继续蒸 12 分钟，关火后，虚蒸 3 分钟开锅。

温馨提示

1. 槐花在用之前，需要焯水。

2. 没有完全开放的槐花花蕾比完全开放的槐花口味要好，所以最好选用前者。

3. 包好的包子生胚二发的时候，需要盖上干净毛巾或者包袱，以免表面被风干。

4. 槐花喜腥气，做馅料的时候，可以适量搭配虾仁、海米、鱼干、蛤蜊肉等，这样成品会更加美味。

苔菜粉条包子

原料：

面皮原料：面粉 1000 克，酵母 7 克，水约 500 克。

馅料原料：苔菜 1000 克，猪肉 400 克，海米 50 克，粉条 1 把，黑木耳 1 把，葱、姜适量。

做法：

1. 将酵母用 30 摄氏度左右的温水稀释，静置 3 分钟。添加面粉，搅成絮状，然后揉成光滑的面团。盖上盖子，室温下饧发至 2 倍左右大小。

2. 将苔菜去掉根部，摘洗干净。

3. 入开水中焯烫至变色。

4. 捞出过凉，攥干水分，切细碎备用。

5. 将木耳提前用冷水泡发。

6. 用之前清洗干净，入开水中焯烫下。

7. 将虾米提前用温水浸泡一会儿，

捞出，用厨房专用纸吸干水分。

8. 将粉条提前用开水泡发至软，无硬心。

9. 将猪肉切丁，添加姜末、料酒和酱油拌匀腌制。

10. 将黑木耳和粉条剁成细碎状备用。

11. 将虾米在热油锅里煸炒出香味后，盛出备用。

12. 将以上馅料原料混合。

13. 添加油盐和味精拌匀。

14. 取出饧好的面团，揉匀，排气。

15. 分割成等大的面剂。

16. 擀成厚薄均匀的面皮。

17. 包入馅料，按照自己熟悉的手法包成圆包子状。

18. 将包好的包子盖上湿布，室温下进行二次饧发。饧发至面皮呈蓬松轻盈状，入锅，大火蒸制。上汽后继续蒸15分钟，关火后，虚蒸3分钟开锅。

温馨提示

1. 焯烫之后的蔬菜需要马上浸凉，否则口感太过软烂。

2. 沥干水分的蔬菜需要攥干水分，再切成细碎状，否则馅料太湿，会影响面皮的蓬松和馅料的口感。

3. 虾米提前用热油煸炒下，味道更鲜香。

素馅发面包子

面粉 500 克，酵母 4 克，油煎豆腐 200 克，大白菜叶 200 克，黑木耳 1 把，粉丝 55 克，葱、姜适量。

做法：

1. 将酵母用温水稀释，静置 3 分钟。添加面粉，先用筷子搅成湿面絮，之后揉成光滑的面团，盖上保鲜膜放在温暖处饧发。

2. 将粉丝提前用冷水浸泡。

3. 将粉丝切碎，备用。

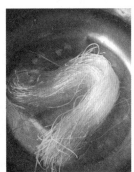

4. 将豆腐切大块，用油煎至表面金黄。

5. 将豆腐凉透后切成小丁。

6. 将黑木耳提前水发，摘洗干净后，焯一下热水后过凉水，沥干水分，切碎备用。

7. 将葱、姜切成碎末，大白菜取叶部切碎。

8. 把以上馅料混合。

9. 先添加适量油拌匀馅料，然后添加盐、味精和面酱拌匀。

10. 将面团饧发至两倍左右大时，取出揉匀并排气，分割成等大的面剂儿。

11. 将面剂擀成厚薄均匀的面皮，包入馅料，收口捏紧。

12. 将包子生胚盖上包袱放在温暖处再次饧发。

13. 饧发至包子面皮蓬松，掂在手里感觉很轻盈的时候下锅，大火蒸制。

14. 开锅后转中火继续蒸制12分钟，关火后，虚蒸3分钟出锅。

温馨提示

　　1. 包子冷、热水下锅均可，二次饧发不够充分的，一定要冷水下锅。

　　2. 包子蒸制时间的长短要根据自家包子的大小和包子馅的材料具体设置。

　　3. 粉丝入馅，不用泡发过度，只要软了能切就行，因为包入包子之后还要经过蒸制。

　　4. 粉丝和木耳要剁细，否则发散，不容易包。

香葱猪肉包

猪肉 480 克，干香菇 30 克，香葱 60 克，面粉 500 克，酵母 3-4 克，水约 250 克。

做法：

1. 将酵母用温水稀释，静置 3 分钟，然后添加面粉。先用筷子把面粉搅拌成湿面絮，然后用手揉成光滑的面团，盖上湿布放在温暖处饧发。

2. 将香菇用水冲洗一遍，然后用温水泡发。

3. 将猪肉先切成小丁，然后手工剁成细腻的肉泥，剁肉的时候分次添加泡发香菇的水。

4. 将泡好的香菇攥干水分，切成细碎状。

5. 将生姜剁成姜末。

6. 将小葱切细碎。

7. 将所有馅料混合。

8. 添加油、料酒、盐、生抽、白胡椒粉和一点点糖搅拌均匀。

9. 最后把葱碎拌入。

10. 将饧发至原来的2倍大小的面团取出。

11. 揉匀，排气，分割成等大的面剂。

12. 将面剂擀成四周薄中间厚点的圆包子皮。

13. 包入馅料。

14. 将包子包成自己喜欢的样子，收口要捏紧。全部包好以后，盖上湿布进行第二次饧发。等到生胚变胖，掂在手里感觉很轻盈时，就可以开大火蒸制了。上汽后转中火继续蒸 15 分钟关火，虚蒸 5 分钟开锅。

温馨提示

1. 泡发香菇的水有营养、味道好，不要丢弃，需要提前沉淀下再用。

2. 往肉馅里面添加水，一次不要多。可分次添加，一般以一次添加的水全部吃进去了再添加为宜。另外，剁馅的时候添加水，肉馅不容易粘刀。

3. 往肉馅里面添加水，成品包子的汤汁多，但要注意水量的控制。水太多的话，包子不容易包，而且会影响面皮的蓬松。

4. 小葱要细细地切碎，不要乱刀剁。剁出来的葱碎味道欠佳。

5. 调馅料的时候，若是感觉馅料太干了，还可以适量分次添加水。

6. 馅料全部和好以后再添加葱碎，轻微搅拌，不要用大劲反复搅拌。这是为了保持小葱的原味葱香。

卷心菜贝丁包子

原料:

卷心菜一个, 猪肉 500 克, 干贝 50 克, 小葱、生姜适量, 面粉 500 克, 酵母 4 克, 水约 250 克。

做法:

1. 将酵母用温水稀释, 静置 3 分钟, 添加面粉。一边添加, 一边用筷子搅拌 成湿面絮。揉成面团, 盖保鲜膜放温暖处 饧发。

2. 将卷心菜去掉外皮的老叶和根部，叶子逐片掰开。

3. 将卷心菜入开水中焯一下。

4. 将焯好的卷心菜迅速过凉水，挤干水分切碎，备用。

5. 将猪肉切成小丁，用姜末和生抽提前腌制。

6. 将干贝提前用温水泡发至软，捏碎备用。

7. 将卷心菜、腌好的猪肉、泡发好的干贝和葱花混合，添加油、盐、味精和酱油拌匀。

8. 将饧发至 2 倍大小的面团取出，揉匀，排气。

9. 将分割成等大的面剂，擀成圆皮，包入馅料。

10. 将包好的包子盖上盖布，继续饧发至包子面皮蓬松轻盈状。下锅，大火蒸制，开锅后继续蒸 15 分钟，关火后虚蒸 3 分钟开锅。

温馨提示

1. 发面包子冷水、热水下锅均可。如果感觉二次饧发不够充分，应选择冷水下锅。

2. 包子开锅后继续蒸制的时间长短视包子的大小而定。

3. 停火后不要马上开锅，虚蒸三五分钟再揭锅盖，这样包子表皮不会回缩。

小白菜土猪肉粉条包子

小白菜 600 克，土猪肉 300 克，小葱 1 把，粉条 1 把，生姜 1 小块，面粉 500 克，酵母 4 克，水约 250 克。

做法：

1. 将猪肉清洗后，切成小丁。

2. 将猪肉丁加生姜末、酱油拌匀腌制。

3. 将小白菜去根清洗沥干。

4. 入开水中焯烫至变色捞出。

5. 迅速过凉。

6. 攥干后切碎。

7. 将粉条入开水中煮至变软无硬心。

8. 捞出，冲凉，沥干水分。

9. 将粉条切碎。

10. 将小葱切碎。

11. 将以上原料混合。

12. 先把除葱以外的原料加油、盐和

一点点味精（不喜者可省去）拌匀，最后把葱碎拌入。

13. 准备馅料之前，提前用 500 克面粉加 4 克酵母和 250 克水揉成一个面团，放在温暖处静置发酵。面团蓬松至原来的 2 倍大小时，取出。

14. 将发酵好的面团揉匀、排气，分割成等大的面剂儿。

15. 擀成四周薄中间厚点的圆形面皮，包入馅料，捏紧收口处。

16. 包子包好以后，需要盖上湿布静置进行二次饧发。

17. 二发充分以后，冷、热水下锅都可以，大火蒸制。

18. 上汽后转中火，继续蒸制15分钟，关火后虚蒸3分钟开锅。

温馨提示

1. 葱碎拌入馅料时，动作要轻柔，不要过度搅拌，否则其味道会改变。

2. 小白菜可以用其他新鲜的绿叶菜代替。

3. 二次饧发时间随室温变化不同，不能一概而论。看到包子面皮变得蓬松，据在手掌里有很轻盈的感觉就可以了。

4. 包子蒸制时间也要根据包子大小灵活掌握。

芸豆土豆全麦包子

原料:

250 克面粉,250 克全麦粉,酵母 3-4 克,水约 250 克,芸豆 350 克,土豆 250 克,猪肉 300 克(三肥七瘦),生姜 15 克,小葱 20 克。

做法:

1. 将全麦粉和普通面粉混合。

2. 将酵母用温水稀释,静置 3 分钟,往面粉里分次添加,一边添加,一边用筷子搅拌成湿面絮。

3. 揉成光滑的面团，盖上保鲜膜饧发。

4. 将猪肉用刀切成大小均匀的肉丁。

5. 在切好的肉丁中加生姜末、白胡椒粉、料酒和酱油。

6. 拌匀腌制。

7. 将芸豆摘去筋角，然后切碎。

8. 将土豆去皮，先切片，再切条，然后切成丁，大小厚薄要和芸豆颗粒大小相匹配。冲洗掉表面的淀粉，然后沥干水分。

9. 起油锅。油热后，下入芸豆和土豆颗粒煸炒。

10. 炒至蔬菜生味去除，并且颜色变

至透明，关火，晾凉。

11. 将晾凉以后的芸豆、土豆和酱好的猪肉丁混合，添加油、盐和一点点糖调味。

12. 添加切碎的小葱拌匀。

13. 将饧发好的面团，取出揉匀，排气。

14. 分割成等大的面剂。

15. 擀成中间厚四周薄的包子皮，尽可能多地包入馅料。

16. 选择自己习惯用的手法。我喜欢包麦穗状的，因为可以包进很多的馅料。包好的包子盖上厚布，进行二次饧发。

等到包子变得蓬松轻盈，冷、热水下锅均可。开大火蒸制，上汽后转中火继续蒸15分钟，关火，虚蒸3分钟后开锅。

温馨提示

1. 手切猪肉比机器绞出来的口感和味道都要好。

2. 用带点肥肉的猪肉做馅，味道更鲜香。

3. 可以选择自己喜欢的风味面酱或辣酱等腌制猪肉丁。

4. 芸豆和土豆提前炒制，一是为去掉生味，二是方便蒸熟。

5. 土豆丁冲洗掉淀粉再下锅炒制，这样不容易粘锅。

6. 包子蒸制时间，根据包子的大小自己灵活掌握。

猪肉笋干煎包

原料：

猪肉 300 克，笋干 60 克，葱、姜适量，面粉 400 克，酵母 3 克，水约 200 克。

做法：

1. 将酵母用温水稀释，静置 3 分钟，然后分次倒入面粉中。一边倒，一边用筷子搅匀。

2. 将面絮揉成光滑的面团，盖上湿布，放在温暖处饧发。

3. 将猪肉先切丁，然后剁成细腻的肉馅。

4. 将笋干提前泡发清洗并攥干水分，然后剁成细碎状。

5. 起油锅，油热后，下入笋干碎煸炒。炒至水分全部蒸发，鲜香味儿出，盛出晾凉。

6. 将小葱切碎，生姜剁成碎末，备用。

7. 将猪肉添加姜末、油、盐、酱油、味精和白胡椒粉搅拌均匀。

8. 分次加水，按一个方向搅打上劲儿。

9. 添加剁好的笋干碎和葱碎，轻轻拌匀。

10. 待面团饧发至原来的2倍大小时，取出。

11. 将面团揉匀、排气，揉到切面无明显气泡为宜。

12. 将面团分割成等大的面剂儿，擀成厚薄均匀的圆包子皮。

13. 尽可能多地包入馅料。

14. 按照自己熟悉的手法包成圆包子，收口捏紧。

15. 全部包好以后，盖上湿布进行二次饧发。

16. 等到包子面皮变蓬松了，在平底

锅里抹油,开火,然后把包子依次排入锅内。

17. 盖上锅盖用中火煎制。

18. 待底面变黄了,加入小半碗淀粉水。

19. 继续盖盖煎制。

20. 听到锅里滋滋作响时,打开锅盖。

待锅内水分全部蒸干,锅底四周淀粉有翘起时,关火。

21. 打开锅盖,取一大盘,倒扣平锅,这样水煎包漂亮的底花就被完整地盛入盘中了。

   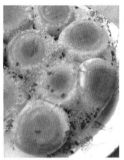

温馨提示

1. 用带肥肉的猪肉做煎包,吃起来口感会更润泽,味道也更鲜香。一般选用三肥七瘦即可。

2. 调制肉馅的时候,水要分次添加。添加一次水后,全部搅打进去,再第二次添加。添加水搅打的肉馅,汤汁多,口感嫩。

3. 笋干有咸度,所以要提前浸泡,并换水。

4. 笋碎提前用热油煸炒,一是为了去水,二是为了让笋干充分发挥它的鲜香味道。

5. 包包子的时候,收口一定要捏紧,否则易露馅。

6. 煎制的时候,包子收口可以朝上,也可以朝下。

7. 想要有漂亮的煎包底花,水中需适量添加淀粉并搅匀。

萝卜丝油渣烫面包子

原料：

青萝卜 1 个，花肉 300 克，海米 50 克，韭菜 50 克，面粉 500 克，热水 240 克。

做法：

1. 在面粉中添加 80 摄氏度的热水。一边添加，一边搅拌成湿面絮。

2. 等到面絮不烫手时，将其揉成光滑的面团，盖上湿布饧 20 分钟。

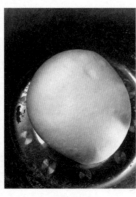

3. 将青萝卜用工具擦成丝，然后入开水中焯烫至变色。

4. 将萝卜丝捞出过凉，然后攥干水分，剁细碎。

5. 将黑木耳提前用冷水浸泡，清洗干净。

6. 用之前将黑木耳焯烫下，然后剁细碎。

7. 将花肉切厚片，在热锅中用中火煸炒。至油脂出，肉变成金黄的油渣，盛出。

8. 放凉后把油渣剁碎。

9. 将小虾米用温水浸泡至软。

10. 将韭菜摘洗干净,沥干水分,切碎。

11. 将以上馅料混合,添加一勺猪油。

12. 添加盐、味精后将馅料拌匀,最后拌入韭菜碎。

13. 取出面团,再次揉匀。

14. 将面团分割成等大的面剂,然后把面剂擀成厚薄均匀的圆包子皮。

15. 尽可能多地包入馅料。

16. 包成麦穗形状，将收口捏紧。

17. 全部包好以后，锅内加水，每个包子屉上玉米皮后，把包子依次放入蒸屉上，大火蒸制。上汽后转中火，继续蒸 10 分钟关火。

温馨提示

1. 青萝卜辣味重，用之前需要焯水，去除辣味。

2. 烫过的萝卜丝需要马上过凉，否则口感太过软烂。

3. 萝卜丝烫过之后，需要攥干水分。否则水分太大，一是不好包，二是会冲淡调料味道。

4. 不喜欢猪油的，可以用植物油代替。

5. 萝卜丝喜油，放油量要比其他蔬菜做馅时稍微多一些。

6. 不喜欢韭菜的，可以用葱、姜代替。

7. 烫面包子无需蒸制太长时间，否则影响馅料口感。

海虹萝卜苗烫面包子

小萝卜苗1000克，海虹1000克，猪肉250克，葱、姜适量，粉条1把，黑木耳1把，面粉500克，热水约240克。

做法：

1. 在面粉中添加80摄氏度的热水。一边添加，一边搅拌成湿面絮。

2. 等到不烫手时，将面絮揉成光滑的面团，盖上湿布饧20分钟。

3. 将小萝卜苗摘洗干净，沥干水分。

4. 入开水中焯烫至变色捞出。

5. 迅速过凉水。

6. 捞出，攥干水分，切碎，备用。

7. 将粉条提前用热水煮至无硬心。

8. 过凉后沥干水分，切成碎末备用。

9. 将黑木耳提前用冷水泡发，清洗干净，用之前用热水焯下。

10. 沥干水分，剁碎，备用。

11. 将海虹清洗干净，沥干水分，直接倒入锅中，盖盖煮至开口。

12. 取海虹肉，备用。

13. 将猪肉切成丁，备用。

14. 将葱、姜切成细碎，备用。

15. 将以上食材混合。

16. 添加油、盐和生抽拌匀。

17. 取出饧好的面团，再次揉匀。

18. 将面团分割成等大的面剂，然后把面剂擀成厚薄均匀的圆包子皮。

19. 尽可能多地包入馅料。

20. 按照自己熟悉的手法包成包子，将收口捏紧。

21. 在锅内加水，包子屉上玉米皮，摆入锅内，盖盖，大火蒸制。

22. 上汽后转中火，继续蒸10分钟，关火。

温馨提示

1. 小萝卜苗可以用小白菜等其他绿叶菜代替。

2. 取海虹肉时，肉上的足丝需要去除，否则影响口感。

3. 包子蒸制时间要根据包子大小具体把握。

海菜包子

原料：

面粉 700 克，酵母 7 克，去皮南瓜 200 克，水约 200 克，海菜（又名碱蓬菜）500 克，韭菜 250 克，猪肉 300 克，虾干 80 克。

做法：

1. 将酵母用温水稀释，静置 3 分钟。

2. 添加面粉，加入蒸熟晾凉的南瓜泥和水，把面粉先用筷子搅成湿面絮，然后揉成光滑的面团，盖上盖子，放在温暖处饧发。

3. 将海菜摘洗干净。

4. 将海菜入开水中焯烫，至变色捞出。

5. 过凉水，用凉水浸泡半天，中间需要换水几次。

6. 将韭菜摘洗干净，控干水分。

7. 将虾干用温水浸泡至软。

8. 捞出虾干切碎。

9. 将猪肉切丁，添加姜末、料酒和酱油拌匀，腌制入味。

10. 将浸泡好的海菜攥干切碎，韭菜沥干切碎，将所有馅料原料混合。

11. 先用油、盐、味精把馅料拌匀（韭菜除外），最后拌入韭菜。

12. 面团蓬发至原来的 2 倍大小时取出，揉匀，排气。

13. 将面团分割成等大的面剂儿。

14. 将面剂擀成厚薄均匀的圆面皮，包入馅料，包成圆包子形状，将收口捏紧。

15. 全部包好以后需要盖上包袱，进行二次饧发。

16. 饧发至包子生胚面皮蓬松，掂起来有很轻盈的感觉，就可以下锅大火蒸制了。上汽后转中火继续蒸 15 分钟，关火，虚蒸 3 分钟开锅。

温馨提示

1. 将海菜焯水以后，需要浸泡一段时间并换水几次，去除其涩味和咸味。

2. 拌馅料时最后拌入韭菜，一是为了让韭菜少出水，二是味道会更好。

3. 发面食品用冷热水下锅蒸制都可以，根据个人习惯选择任意一种方式即可。若是二发不够充分的话，需要选择冷水下锅，因为水在加热的过程中，可以促进面团继续饧发。

饺子，
吃的就是家的味道

12道

俗语说："好吃不过饺子"。

饺子源于古代的"角子"。饺子的变化在馅上，萝卜青菜、山珍海味都可以入馅，品种十分丰富。做法有蒸、煮、煎、烤、炸，而口味则可甜、可酸、可香、可辣。

我一直觉得，最能代表家的味道的食物，就是那盖帘上的一排排饺子。那不只是食物的味道，更是爱的味道。

香椿猪肉水饺

原料：

猪肉 500 克，红叶香椿 200 克，面粉 500 克，水约 250 克，葱、姜适量。

做法：

1. 将冷水分次添入面粉，一边添加，一边用筷子搅拌。

2. 将湿面絮揉成光滑的面团，盖上湿布饧半小时，中间再揉一次效果更好。

3. 将带点肥肉的猪肉先切小丁，后剁成肉泥。肉馅粘刀的话，可以适量加水。

4. 将香椿洗净。

5. 将香椿入开水中焯烫至变色捞出。

6. 将香椿过凉水后，攥干。

7. 将香椿切碎。

8. 将剁好的肉馅一点点加水，按顺时针方向搅拌。水不要一次加太多，等被肉馅吃进去了再加，一直搅拌到自己喜欢的稠度即可。

9. 在搅好的肉馅中添加葱、姜碎搅匀。

10. 在肉馅中添加盐、酱油、味精和油，搅拌均匀。

11. 包之前把切碎的香椿放进肉馅，再次搅拌均匀。

12. 将饧好的面团取出，揉匀，分割成等大的面剂，再揉匀。

13. 摁压面剂，然后擀成四周薄中间

厚的饺子皮，按自己的手法包入馅料，将收口捏紧。

14. 坐锅烧水，水开后下入饺子，点三次凉水。待最后一次锅开后，马上关火捞饺子，晾凉后食用。

温馨提示

1. 用带点肥肉的猪肉包制，饺子味道更香醇，口感更润泽。

2. 搅拌肉馅，分次加水，可以让肉馅口感变嫩，而且汤汁多。但是太稀的馅料不好包，所以加水量需要酌情把握。纯肉馅若是不加水搅打，直接加菜包成的水饺，即便是味儿调得再鲜，吃起来也是干巴巴的，不水润。

3. 饺子包到一大半的时候，就可以烧水了。这样等锅里的水沸腾了，饺子也全部包出来了。这时马上下锅煮，饺子不仅不易碎，而且味道鲜美。

4. 煮饺子时，只要做到"三点三开"，无论是啥馅的水饺、馅有多少，都能煮熟。

山苜楂鸟贝饺子

山苜楂 500 克，韭菜 200 克，新鲜鸟贝 250 克，猪肉 250 克，面粉 500 克，水约 250 克。

做法：

1. 将山苜楂摘洗干净。

2. 将山苜楂入开水中焯烫至变色。

3. 将山苜楂捞出，在凉水中浸泡几个小时，中间换水两次。

4. 将韭菜摘洗干净，晾干水分。

5. 在面粉中添加水。一边添加，一边用筷子搅拌成湿面絮。

6. 将湿面絮揉成光滑的面团，盖上湿布饧半小时。

7. 将猪肉切丁。

8. 将猪肉丁用料酒、白胡椒粉、酱油拌匀，腌制入味。

9. 将新鲜的鸟贝剪开，去掉黄，清洗干净，沥干水分。

10. 将鸟贝切成小丁。

11. 将浸泡好的山茸楂攥干水分，切碎。

12. 将韭菜切碎。

13. 将所有原料混合在一起。

14. 添加油、盐、味精，拌匀。

15. 将饧好的面团取出揉匀，分割成等大的面剂。

16. 将面剂擀成厚薄均匀的饺子皮，包入馅料，按自己的手法包成饺子状。

17. 坐锅烧水。水开后下入水饺。大火煮开后，点入凉水，继续盖上盖子煮，一共点三次凉水。最后一次煮开后关火，捞出饺子即可。

温馨提示

1. 山苜楂焯烫以后需要浸泡一段时间，去掉苦涩味道。

2. 山苜楂做馅料，用油稍微多点，口感更鲜香。

3. 山苜楂喜腥气。没有乌贝的话，用虾仁、虾米、虾皮、蛤蜊肉等代替都可以。

4. 馅料里面有海鲜，因此调制馅料时不用额外添加增鲜的调味品，以免掩盖海鲜和山苜楂的清新鲜味。

茼蒿鲅鱼饺子

原料：

鲅鱼2条，花肉200克，茼蒿250克，蛋清1个，花椒、生姜适量，面粉1000克，水约500克。

做法：

1. 在面粉中分次加冷水，用筷子搅成湿面絮。

2. 将面絮揉成光滑的面团，盖上保鲜膜静置30分钟。

3. 将花椒冲洗一遍，和生姜丝一起用温水浸泡，备用。

4. 将茼蒿掰去硬的菜梗，洗净，沥干水分，备用。

5. 将半冷冻状态的鲅鱼，用利刀从尾部切入，贴紧脊骨，向头部片去，至鱼头部位，纵切一刀。翻面，亦如此操作，就可以去除一整根脊骨。

6. 将切好的两整片鱼肉，先去掉内脏，然后摘掉腹部的大刺，清洗掉脊血和脏东西，沥干水分，备用。

7. 将处理好的整片鱼肉、鱼皮向下放在菜板上，两边向下对折，把大的鱼肉整条撕下来，直接去掉鱼皮，对于粘在鱼皮上的小块鱼肉，可以用勺子把肉刮下来。

8. 把花肉切成小丁。

9. 将鱼肉和肉丁混合在一起，剁细，中间分次添加花椒生姜水。

10. 剁到鱼肉细腻，盛出，添加料酒、盐、味精、花生油，搅拌。待感到筷子有阻力时，可以再次加水，直到稀稠度达到

自己满意为止。最后添加蛋清和香油搅拌均匀。

11. 将茼蒿细细切碎，轻柔拌进馅料。

12. 取出面团再次揉匀，分割成等大的面剂。

13. 将面剂擀成厚薄均匀的饺子皮，包入适量馅料。

14. 捏成自己喜欢的饺子形状。

15. 坐锅烧水。水开后下入水饺。煮开后加入凉水，继续盖盖子煮。三点三开后，盛出。

温馨提示

1. 鱼饺子吃多少包多少，剩的鱼饺子第二顿再吃，味道就不新鲜了。

2. 鱼馅和蔬菜混合，一般现包现混合，用不完的鱼馅不要和蔬菜全部混合，可以用保鲜膜封好，放在冰箱冷藏室随用随取。

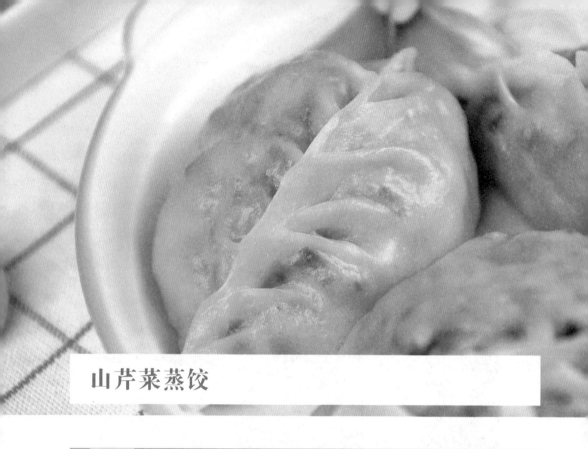

山芹菜蒸饺

原料：

山芹菜 300 克，韭菜 200 克，猪肉 250 克，虾米 40 克，面粉 400 克，热水 100 克，冷水约 80 克。

做法：

1. 面粉一半用热水烫，一半用凉水和，用筷子把面粉搅成湿面絮。

2. 将面絮揉成光滑的面团，盖盖，饧 20 分钟。

3. 将山芹菜摘好，切掉根部，清洗干净。

4. 将山芹菜入开水中焯烫至变色变软。

5. 将山芹菜捞出马上冲凉，挤干水分，切碎，备用。

6. 将猪瘦肉切丁放置一旁，将肥肉切丁后入锅炒成油渣。

7. 把切好的肉丁用料酒、一勺豆瓣酱和适量生姜末拌匀，腌制入味。

8. 将虾米冲洗干净后，用温水泡发，用时捞出切碎。

9. 将韭菜摘洗干净，沥干水分，切碎，备用。

10. 将馅料（除韭菜外），添加适量花生油、猪油、盐、生抽拌匀，最后在韭菜中加一点香油再次拌匀。

11. 取出面团，揉匀，下剂，擀皮。

12. 包入馅料，捏成麦穗状。

13. 凉水入锅，大火蒸制，上汽后转中火，继续蒸 10 分钟，关火，盛出即可。

温馨提示

1. 若是嫌山芹菜味儿大，焯水后可以用凉水浸泡一段时间，中间可以换一次水。

2. 将猪肥肉提前炒成油渣入馅，再添加一点新炒的猪油，馅料会格外鲜香。

3. 韭菜入馅，不可过度搅拌，否则不仅不鲜，还会串味。等到其他馅料搅拌好以后，再把韭菜碎加入拌匀，这样的饺子味道最佳。

4. 蒸制时间随蒸饺的大小灵活掌握。

黄瓜虾仁蒸饺

原料：

面粉 400 克，开水 100 克，凉水 80 克，水发木耳 125 克，虾 350 克，黄瓜 1000 克，鸡蛋 3 个。

做法：

1. 在面粉中添加沸水，一边添加一边用筷子搅拌，盆里留一半的干粉，添加冷水搅拌。

2. 把湿面絮揉成光滑的面团，盖上湿布饧 20 分钟。

3. 将海虾去壳取虾肉，然后用牙签去

掉虾线。

4. 将鸡蛋液搅匀，入热油锅中炒成蛋碎，盛出，备用。

5. 将黄瓜打成丝，加盐拌匀。

6. 把黄瓜杀出的水攥干。

7. 将泡发的黑木耳剁碎，备用。

8. 将虾仁切丁，备用。

9. 将黄瓜丝剁碎，备用。

10. 将以上原料混合，添加油拌匀，然后加盐、味精和白胡椒粉拌匀。

11. 将饧好的面团取出，揉匀。

12. 将面团分割成等大的面剂。

13. 擀皮，包入馅料。

14. 将收口捏紧。

15. 在锅内添水，屉上摆上蒸饺。

16. 大火蒸制，开锅后转中火，继续蒸 10 分钟，关火。

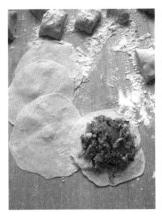

温馨提示

1. 用一半烫面、一半凉水面做的蒸饺，吃起来口感软糯，也有一定的筋性。

2. 黄瓜水分大，用之前需要杀水攥干，否则不好包。

3. 将虾仁切成颗粒状，比剁出来的口感要好。

4. 蒸饺的蒸制时间需根据饺子的个头大小灵活掌握，蒸制时间不可过长，否则影响口感。

对虾萝卜苗水饺

原料：

小萝卜苗 500 克，猪肉 300 克，对虾 8 只，韭菜 1 把，面粉 500 克，水约 250 克。

做法：

1. 将小萝卜苗清洗干净，沥干水分。　捞出冲凉。

2. 将小萝卜苗入开水中焯烫至变色，　3. 将小萝卜苗攥干水分，切碎，备用。

4. 将猪肉切成小丁。

5. 将对虾去头去壳，切成小块。

6. 将韭菜洗净，沥干水分，切碎。

7. 将以上原料混合。

8. 先用油把馅料（除韭菜外）拌匀，然后添加盐、味精和酱油再次拌匀，最后加点香油，把韭菜拌进去。

9. 提前用冷水和面，揉成软硬适中、光滑的面团，盖上湿布饧半小时。

10. 将面团取出揉匀，分割成等大的面剂，擀成厚薄均匀的饺子皮。

11. 包入馅料，捏紧饺子边缘。

12. 坐锅烧水。水开后，先用勺子把锅里的水沿同一方向搅动起来，然后依次下入饺子，盖上锅盖大火煮开，锅开后加点凉水继续盖上锅盖煮，煮开后继续点凉水。如此三点三开后，马上关火，捞出装盘。

温馨提示

1. 家里没有小萝卜苗的话可以用小白菜等其他绿叶蔬菜代替。

2. 烫菜的时候，只要菜变色就可捞出，捞出以后迅速过凉，否则口感太过软烂。

3. 最后拌入韭菜，是为了让韭菜少出水，也可以用油提前把韭菜碎拌一下。

4. 煮饺子时，先用勺子把锅里的水沿同一方向搅动起来，是为了让刚下锅的饺子不沉底、不粘连，最大限度地保证饺子的外形完整。

三鲜水饺

原料：

嫩南瓜半个，海虾 300 克，鸡蛋 3 个，葱、姜适量，凉水面团 500 克。

做法：

1. 将嫩南瓜对半切开，去掉瓜瓤。

2. 把南瓜擦成丝，用盐拌匀，腌制一下。

3. 把杀水后的南瓜丝攥干，剁碎。

  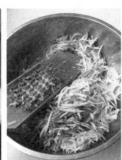 

4. 将蛋液搅匀，油锅烧热，把鸡蛋炒至成形即可关火，用铲子铲碎鸡蛋，晾凉。

5. 将海虾去头、去皮、去虾线，然后把虾肉切成大粒儿。

6. 将以上所有原料混合，添加葱花、姜末、花生油、盐、味精、一点点生抽，拌匀。

7. 取提前饧好的凉水面团，揉匀，分割成等大的面剂，擀成圆皮，包入馅料，捏成饺子状。

8. 饺子包至过半，起锅烧水。水开后，下入饺子。煮开后，点一次凉水，开锅后就可以捞出了。

温馨提示

1. 嫩瓜水分很多，做馅的话必须提前用盐杀水。

2. 现剥的虾仁比成品虾仁鲜。

3. 炒鸡蛋的时候，火候欠点，鸡蛋会更嫩。喜欢鸡蛋蓬松口感的，可等锅内的油烧热了再下鸡蛋液。

4. 炒好的鸡蛋必须凉透，才能和其他原料混合。

5. 因为馅料里没有肉，鸡蛋也是熟的，所以煮饺子的时候点一次凉水就可以了。

6. 这种馅料也可以做成包子、饺子、煎饺、馄饨、馅饼等。

7. 鸡蛋可以用肉代替。

8. 嫩的南瓜可以用茭瓜、葫芦瓜、黄瓜等代替。

韭菜扇贝水饺

原料：

新鲜贝丁 250 克，猪肉 300 克，韭菜 200 克，香菜适量，面粉 500 克，水约 250 克。

做法：

1. 将韭菜和香菜洗净晾干。

2. 将猪肉切成小丁。

3. 将新鲜的贝丁清理干净。

4. 将韭菜和香菜切碎。

5. 将贝肉和猪肉混合，添加油、盐和白胡椒粉拌匀。

6. 用油把韭菜拌匀。

7. 添加进拌好的贝肉和猪肉。

8. 轻轻搅拌均匀。

9. 提前用凉水和面。将面团揉光滑以后，盖上湿布饧半小时。

10. 将面团取出揉匀，分割成等大的面剂儿，擀成厚薄均匀的圆饺子皮。

11. 包入馅料。

12. 按照自己熟悉的手法包成饺子状，将收口捏紧。

13. 坐锅烧水。水开后下入水饺，盖上锅盖煮，煮开后点入半碗凉水，继续盖盖煮。三点三开后，盛出食用。

温馨提示

1. 提前用油把韭菜先拌匀，是为了让韭菜少出水，保持新鲜。

2. 把韭菜拌入馅料的时候，动作要轻，否则韭菜会变味儿。

3. 贝肉是天然的提鲜剂，用新鲜的贝丁做馅料，调味儿时无需再添加其他提鲜的调料。

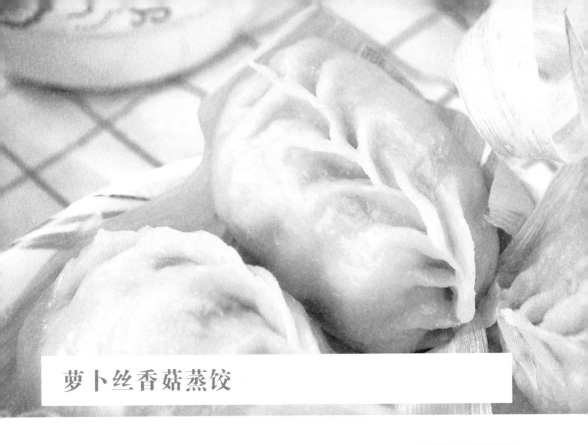

萝卜丝香菇蒸饺

青萝卜 500 克，虾米 50 克，猪肉 250 克，香菇 8 朵，韭菜、香菜、生姜适量，面粉 500 克。

做法：

1. 面粉一半用热水，一半用凉水，在同一个盆里和。用筷子把面粉搅成湿　面絮。

2. 将面絮揉成光滑的面团，盖上湿布

焖 20 分钟。

3. 将青萝卜打成丝，入开水中焯烫至软，捞出冲凉，挤干水分，剁碎。

4. 将虾米入热油中煸炒出鲜香味。

5. 将香菇焯烫片刻，捞出冲凉，挤干水分，切成香菇碎；再将猪肉、韭菜和香菜全部切碎，备用。

6. 将以上馅料混合，添加花生油、盐、生抽和味精拌匀，最后加几滴香油提味。

7. 取出面团，揉匀，下剂，擀皮。

8. 包入馅料，捏成麦穗形状蒸饺。

9. 凉水入锅蒸制。上汽后根据蒸饺 大小决定出锅时间：一般小的需煮约5-8 分钟，大的需煮约10-12分钟左右。

温馨提示

1. 萝卜喜油喜腥，选择带点肥肉的猪肉，口感会更润泽。

2. 将虾米提前用热油爆一下入馅，鲜香味会更浓。

3. 韭菜入馅，不可过度搅拌，否则不仅不鲜，还会串味。等到其他馅料搅拌好以后，再把韭菜碎轻微拌入，饺子的味道最佳。

4. 烫面除了可以做蒸饺，还可以做煎饺、馅饼、盒子。

5. 青萝卜可以换成白萝卜、白菜或胡萝卜等。

6. 虾可以用虾米、虾皮或者干贝等代替。不喜腥味的可以不放，加点鸡蛋也可以提鲜。

羊肉白萝卜水饺

原料：

面粉 500 克，水 250 克，羊肉 500 克，白萝卜 1 个，生姜、葱、香菜适量。

做法：

1. 将面粉分次加入水。一边添加，一边用筷子搅成湿面絮。

2. 将面絮揉成光滑的面团，盖上湿布

饧半个小时。

3. 将羊肉和猪肉以 2∶1 的比例，先切成小丁，然后剁成肉馅。

4. 将生姜先擦成丝，然后和肉馅拌在一起剁碎。

5. 将白萝卜洗净，用工具擦成丝。

6. 把白萝卜丝直接剁进肉馅里，剁到自己满意的细腻程度即可。

7. 将剁好的肉馅移入盆中，添加白胡椒粉、油、盐、味精、料酒和生抽。

8. 将肉馅搅拌均匀。

9. 将香菜和小葱分别切碎。

10. 在拌好的肉馅中添加香菜和葱碎。

11. 将肉馅轻轻搅拌均匀。

12. 取出饧好的面团揉匀，分割成等大的面剂儿。

13. 擀成厚薄均匀的圆饺子皮，尽可

能多地包入馅料，将边缘捏紧。

14. 水烧开后，下入水饺，盖上锅盖煮。煮开后点入凉水，继续盖上锅盖煮。如此重复，共点三次凉水。最后一次烧开后，直接关火，把饺子捞入盘中晾凉食用。

温馨提示

1. 饺子馅可以全部用羊肉，加入小部分猪肉，膻味会减轻，饺子口味更好。

2. 肉馅中适当添加肥肉，做出的饺子口感润泽。

3. 添加了白萝卜，肉馅中就无需打水了。

4. 用白萝卜和羊肉搭配，有营养、味道好，而且馅料多汁儿。

5. 香菜和葱要细细地切碎，不要乱刀剁。乱刀剁出来的口感不佳。

6. 搅拌馅料时，最后添加葱和香菜碎，搅拌动作要轻。这样才能保持最佳的口感和味道。不喜欢香菜的可以省略。

牛肉白菜水饺

牛肉猪肉共 500 克（比例为 2 : 1），白菜帮 4 个，小葱、生姜、香菜适量，面粉 500 克，水约 250 克。

做法：

1. 在面粉中分次添加水。一边添加，一边用筷子将面粉搅成湿面絮，然后揉成光滑的面团，盖上湿布饧半小时。

2. 将牛肉和猪肉先切成小丁，然后用刀剁细。

3. 直接把白菜帮切碎在肉馅中。

4. 混合在一起剁馅。

5. 将生姜切成细碎末状。

6. 然后和肉馅一起剁，剁到自己喜欢的细腻程度即可。

7. 把剁好的肉馅放到盆中，添加油、盐、酱油、料酒、味精和白胡椒粉。

8. 按顺时针方向搅打均匀，搅打到上劲儿。

9. 将香菜和小葱细细切碎，添加进调好的肉馅中，轻轻搅拌均匀。

10. 将饧好的面团取出揉匀，分割成等大的面剂，然后撒干粉搓圆。

11. 把面剂先揿扁，然后擀成厚薄均匀的饺子皮。

12. 包入馅料，捏成饺子。

13. 全部包好以后，就可以下锅煮了。

14. 水烧开后，下入水饺。用勺子在锅里推匀，免得饺子粘锅底，之后盖上盖子大火煮。煮沸后，马上倒入半碗凉水，继续盖盖煮。煮开后，继续点凉水。第三次点凉水煮沸以后，迅速关火，捞出水饺，装入盘中。

温馨提示

1. 饺子馅也可以全部用牛肉，加入小部分猪肉，馅料腥膻味会减轻，口感好。

2. 肉馅中适当添加肥肉，做出的饺子口感润泽。

3. 添加了白菜帮，肉馅就无需打水了。

4. 用白菜帮和牛肉搭配，有营养、味道好，而且馅料多汁儿。

5. 香菜和葱要细细地切碎，不要乱刀剁。剁出来的味道不佳。

6. 搅拌馅料时，最后添加葱和香菜碎，而且不要用大力搅拌，动作要轻。这样才能保持最佳的口感。不喜欢香菜的可以忽略。

7. 可以用洋葱、香菇、香芹代替白菜。

葱油海参水饺

原料:

猪肉 550 克,水发海参 6 个,生姜 1 小块,红葱头 1 把,大葱 4 棵,面粉 500 克,水约 250 克。

做法:

1. 在面粉里分次添加水,边添加边用筷子搅成湿面絮。

2. 将面絮揉成光滑的面团,盖上湿布饧半个小时。

3. 将猪肉先切丁，然后剁细。

4. 将生姜切成碎末，添加在肉馅中一起剁。

5. 一边剁肉，一边分次少量添加水。如果感觉肉粘刀，可再添加水。

6. 将肉馅剁到自己满意的细腻程度后，盛入盆中。

7. 将红葱头切薄片。

8. 起油锅。油温热时，下入红葱头，用中小火炸制。

9. 将红葱头炸干水分，当红葱头变成金黄色时，关火。

10. 往肉馅中舀入 2 勺炸好的葱油及炸好的葱酥。

11. 添加料酒、盐、白胡椒粉、老抽、生抽和一点点味精。

12. 用筷子按顺时针方向搅打，直到肉馅上劲儿。

13. 将水发海参先切条，再切丁。

14. 将海参添加进搅好的肉馅中。

15. 将大葱切碎。

16. 将葱碎添加进肉馅中，轻微搅拌均匀。

17. 将饧好的面团取出，揉匀，下剂，擀成厚薄均匀的圆饺子皮。

18. 在饺子皮中包入馅料。

19. 按照自己熟悉的手法包成饺子。

20. 坐锅烧水。水烧开后，下入水饺，盖盖煮。煮开后点入凉水，继续盖盖煮。如此重复，共点三次凉水。最后一次烧开后，直接关火，把饺子捞入盘中。

温馨提示

1. 猪肉用三肥七瘦的比较合适。带点肥肉的馅料口感更润泽，味道更鲜香。

2. 将海参切成丁比剁出来的口感更弹牙。

3. 用红葱头制作葱油，可以一次多做点，放在干净的密闭容器中，下次做馅料或者做凉拌菜时都可以用。

4. 在手工剁馅的过程中分次少量添加水，既方便操作，还可以让肉馅充分吃进水分。一般 500 克肉可以搅打进 450 克水。

5. 在搅打的过程中，若是感觉肉馅发干，还可以继续少量分次添加水，搅打至肉馅上劲儿即可。

6. 将葱碎添加进肉馅以后，要轻微拌匀，不要用大力，免得葱变味儿。

面条君的百变诱惑

10道

面条起源于中国，已有4000多年的食用历史。面条制作简单，食用方便，营养丰富，即可做主食又可做快餐。话不多说，快来一同看看面条君的千化万变吧！

对虾丝瓜汤卤面

原料：

冰鲜对虾3只，嫩丝瓜4个，银丝挂面300克，大蒜4瓣，生姜、小葱适量。

做法：

1. 将丝瓜去皮后，切成滚刀块。

2. 将生姜切丝，大蒜切片，备用。

3. 将虾自然解冻后，剪去虾枪和虾须。

   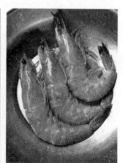

4. 起油锅。油热后，下入丝瓜翻炒至表面变色，推到锅子一边或者盛出。

5. 利用锅内底油，把对虾两面煎红。用铲子反复挤压虾头部位。

6. 添加姜丝和蒜片炒出香味。

7. 将姜丝、蒜片和炒过的丝瓜混合到一起，添加适量热水，煮开。

8. 转中小火，继续滚煮5分钟，让汤汁越来越红。用盐、白胡椒粉和一点点糖调好味儿。

9. 起锅前撒上小葱碎。

10. 做汤卤的时候，另起一锅煮面，

水开后下入面条，煮开后适量添加冷水，继续煮开。待面条无硬心了，即可捞出沥干。

　　11. 将面条马上冲凉。

12. 沥干水分。

13. 面条盛入碗中。

14. 浇上刚出锅的汤卤即可。

温馨提示

　　1. 炒过的丝瓜味道更清香。

　　2. 用铲子反复挤压虾头部位，炒出红色的虾油，这样煮好的汤汁才足够鲜美。

　　3. 煮面条的时间不能一概而论，只要面条没有硬心就可以了。

　　4. 煮开后点凉水，比一直滚水煮的面条口感好。

　　5. 浇汤卤之前，用凉开水过一下面条，口感更清爽。

芸豆蛤汤打卤面

原料：

花蛤 500 克，芸豆 250 克，鲜切鸡蛋面 400 克，鸡蛋 2 个。

做法：

1. 将花蛤洗净，加水，煮开。　　2. 取出蛤蜊肉，蛤蜊汤沉淀后备用。

3. 将芸豆摘去筋角，切成薄片。

4. 起油锅，爆香姜、蒜末。

5. 下入芸豆，大火煸炒至透明变软。

6. 添加蛤蜊原汤，大火煮开后转中火，煮至芸豆软烂。

7. 淋入搅好的鸡蛋液。

8. 待蛋花浮起，倒入蛤蜊肉。

9. 关火，用盐调味，撒点葱花或者香菜碎。

10. 做汤卤的时候，另起一锅，水烧

开后，下入面条。

11. 煮至面条无硬心时，捞出冲凉，沥干水分，备用。

12. 取适量面条，浇上刚出锅的汤卤即可。

温馨提示

1. 芸豆下锅以后，要充分煸炒，炒至变色透明状再添加汤汁。这样面条的口感会更鲜美。

2. 蛤蜊原汤足够鲜美，只放盐即可。

3. 不要用酱油，不然汤的颜色和味道都会改变。

4. 过凉的面条一定要沥干水分，否则会稀释汤卤的味道。

酸菜牛肉面

原料:

牛肉 1000 克，酸菜 1 整棵，鲜切面 500 克，葱、姜、干红辣椒适量，卤水 1 碗。

做法:

1. 将牛肉洗净，切成麻将块大小。

2. 将牛肉入凉水锅，大火煮开，撇去表面的浮沫，继续滚煮 5 分钟。

3. 将牛肉捞出，用热水冲洗掉牛肉

块表面的浮沫，沥干水分。

4. 添加老汤。根据实际需要适量添加八角、桂皮、香叶等香料和红烧酱油等调味料，用高压锅大火压至上汽后，转中火继续压30分钟，直至牛肉软烂。

5. 将酸菜洗净，切碎。

6. 用水冲洗并浸泡一会儿酸菜，尝尝咸酸味适中了，即可捞出攥干水分。

7. 起油锅，爆香葱、姜和干红辣椒。

8. 下入酸菜，大火翻炒至水分散尽，酸香味飘出。

9. 炒酸菜的同时，另起一锅，水烧开后，下入鲜切面。煮开后可以点两次冷水，捞出面条过凉水，沥干水分。

10. 将炒好的酸菜锅内加入炖好的牛肉和原汤，大火煮开，用盐和糖调好味，转小火继续慢煮，起锅时撒入葱花。

11. 煮好的面条可以直接捞入碗中，浇上酸菜牛肉汤，也可以直接捞入酸菜牛肉汤锅中，搅拌均匀。

温馨提示

1. 炖牛肉的时候，因为添加了老汤，所以不必再添加过多香料和调味品。没有老汤的，要适量添加香料和调味料。

2. 酸菜浸泡的时间一定要掌控好。泡时间长了，没有一点酸味和咸味，味道就寡淡了。若是洗后不浸泡，直接用，酸咸味则会太重。

3. 煮好的牛肉和酸菜都有咸味，所以汤的咸度要把握好。

4. 酸菜入锅前一定要攥干水分，入锅后，经过充分的煸炒，酸香味飘出以后再下牛肉汤。这样汤的酸香味才会浓郁。

5. 煮面条要根据实际需要掌握时间。喜欢吃硬点的，煮开后继续滚煮一会儿。喜欢软烂口感的，可以浇点凉水继续煮，煮至面条无硬心为止。面条煮开后是否过凉水，可根据个人的喜好选择。

西红柿鸡蛋面

原料：

手擀面 300 克，西红柿 500 克，鸡蛋 3 个，大蒜 4 瓣，香菜 1 棵。

做法：

1. 将熟透的西红柿用开水烫一下。

2. 将西红柿剥去外皮，然后随意切 成块状。

3. 将鸡蛋液搅打均匀，入热油锅中炒

至成形，铲出。

    4. 利用锅内底油，爆香蒜末。

    5. 当炒到蒜香浓郁时，下入西红柿大火煸炒。

    6. 一边炒，一边用铲子把西红柿随意

铲碎，直至熬成一锅西红柿浓汁。

    7. 添加炒好的鸡蛋，也把鸡蛋铲碎，然后用盐、糖和白胡椒粉调好味。

    8. 起锅前根据自己的口味撒葱碎或者香菜碎，也可以省去。

9. 做汤卤的同时，另起一个锅煮面，水烧沸腾后下入手擀面，煮开后点一次凉水，再次煮开后捞出，过凉，沥干。

10. 把做好的西红柿鸡蛋卤盖在面条上，拌匀即可。

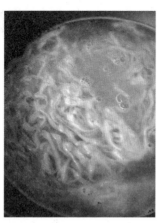

温馨提示

1. 选用露天熟透的西红柿，味道最佳。

2. 蒜末下锅以后，不要马上添加西红柿，要充分煸炒出蒜香味以后再下主料。这样成品的蒜香味儿才会浓郁。

3. 不加一滴水，熬煮出天然的西红柿汁水，这样的汤汁果香浓郁。

4. 鸡蛋在锅里炒制时，只要定形即可铲出，不要炒老了，因为后期和西红柿下锅之后还要继续加热。

黄瓜鸡丝酱拌面

原料：

鸡胸肉 200 克，黄瓜 300 克，胡萝卜 200 克，鲜切面 350 克，花生酱适量。

做法：

1. 将鸡胸肉洗净，加葱、姜，加水至没过鸡胸肉，煮开，转中火继续滚煮 5 分钟关火，焖 2 分钟取出。

2. 将大蒜拍扁剁碎，加点盐和凉开水浸泡。

3. 将黄瓜和胡萝卜切细丝，备用。

 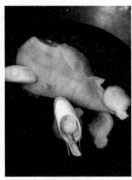 

4. 将晾凉的鸡胸肉撕成细丝。

5. 取花生酱四勺，分次添加凉开水，搅匀花生酱，最后添加蒜泥和蒜泥水、盐、糖、生抽、香油和辣椒油，混合后搅拌成酱料。

6. 鲜切面下入滚水中煮开，点凉水继续滚煮。

7. 再次冷水煮开后，加入胡萝卜丝煮软。

8. 捞出迅速过冷水，并沥干水分。

9. 取适量面条和胡萝卜丝入碗。　　　量酱料，拌匀即可。

10. 加入适量黄瓜丝和鸡丝，调入适

温馨提示

1. 鸡胸肉不必煮太长时间，若是煮老了，肉丝口感太柴。

2. 搅花生酱时，水要分次添加，搅拌成自己喜欢的浓稠度即可。

3. 过冷水的面条要彻底沥干水分，否则影响成品的味道。

4. 黄瓜和胡萝卜可以用自己喜欢的其他蔬菜代替，比如白萝卜、洋葱、豌豆等。

香菇肉酱面

香菇 8 朵，黄瓜 1 根，胡萝卜半根，花肉 400 克，鲜切面 500 克，生姜 1 小块，豆瓣酱 3 勺。

做法：

1. 将香菇清洗干净，提前泡发至软，撙干水分，切成小丁。

2. 将猪肉切成小丁。

3. 起油锅。油热后下入猪肉，中火煸炒。

4. 炒至肥肉的油脂出来，下入洋葱碎和姜末煸炒出香味。

5. 加入香菇丁煸炒出香味。

6. 烹入料酒，添加豆瓣酱煸炒均匀。

7. 另起一锅，水开后下入鲜切面。煮开后点入凉水，继续用中火煮。煮开后尝一下，若是面条没有硬心就可以捞出；若是有硬心，继续点入凉水煮开。

8. 将煮好的面条捞入碗内，添加黄瓜和胡萝卜丝，添加适量刚刚炒好的香菇酱，拌匀即可。

温馨提示

1. 泡发好的香菇要攥干水分，这样炒出的菇香味更浓郁。

2. 猪肉带点肥的，味道会更香醇。

3. 酱料可以按照自己的口味喜好选择甜面酱、豆瓣酱、面酱、辣椒酱等。

4. 不喜欢黄瓜和胡萝卜的，可以选择白萝卜、青椒、洋葱、青笋、豌豆等。

茄子土豆面条

原料：

茄子 3 个，土豆 2 个，新鲜蛤蜊 500 克，鲜切面 400 克，生姜、葱、香菜适量。

做法：

1. 将蛤蜊提前浸泡，去除泥沙，洗净，加水煮开。

2. 取出蛤蜊肉，蛤蜊汤沉淀以后备用。

3. 将茄子去皮后切小丁。

4. 将土豆去皮后切小丁，冲洗掉表面的一层淀粉。

5. 将茄丁提前用盐杀一下水，挤干水分。

6. 起油锅，爆香葱、姜。

7. 下入茄丁和土豆丁翻炒至变色变软。

8. 添加蛤蜊原汤，视情况添加适量热水，大火煮开转中火。

9. 煮至土豆绵软，下入蛤蜊肉。

10. 淋入搅匀的鸡蛋液，用盐调味。

11. 起锅前撒上葱花、香菜。

12. 另起一锅，开水后下入面条。煮至浮起，点入冷水，继续煮至面条无硬心。

13. 捞起过凉开水，沥干水分，浇上汤卤即可。

温馨提示

1. 除了选用蛤蜊作汤底外，也可以选用其他贝类。

2. 茄子可以不去皮。一般去皮之后的茄子口感更好，而且汤清。

3. 用新鲜的蛤蜊做汤，除了盐，不必用其他调味品。

4. 除了土豆，还有青椒、西红柿等都可以用来和茄子搭配。

芸豆焖面

原料：

芸豆 400 克，猪肉 250 克（三肥七瘦），鲜切面条 500 克，葱、姜、蒜、干红辣椒适量。

做法：

1. 将芸豆洗净，摘去筋角。　　　　　2. 将猪肉切片。

3. 将葱、姜切末。

4. 将大蒜拍扁后剁成末。

5. 起油锅，煸香猪肉。

6. 待肥肉出油后，下入葱、姜末和干红辣椒爆香。

7. 下入芸豆，大火煸炒至变色，烹入料酒、老抽和盐，翻炒均匀。

8. 添加水，大火煮开，转中火慢炖。

9. 炖至芸豆六分熟时，舀出大部分汤汁备用。

10. 把面条均匀地平铺在芸豆上面，加盖焖一小会儿。

11. 浇上一半汤汁，加盖转小火焖面5分钟。

12. 开锅，用筷子把面上下挑一下。

13. 浇上另一半汤汁，继续用小火焖面。

14. 待汤汁基本收尽，芸豆和面都熟透了，加点生抽和香油，把芸豆和面搅拌均匀，撒上蒜末，拌匀后食用。

温馨提示

1. 面条一定要选鲜切面，而且要硬一点，太软的面条不适宜做焖面。

2. 肉中带点肥的，焖出来的菜和面会更香。

3. 芸豆一定要煸炒充分，炒至变色后，再添加热水，要不然味道不足。

4. 面条入锅时，要抖落开，呈松散状均匀平铺在芸豆上面，不能一放一整团。

5. 把汤汁舀出来后添加，一是为了不让面条在汤里面煮烂，二是为了让面条充分入味。

6. 舀出来的汤汁可以分次浇在面条上。添加汤汁之后可以用筷子把面条翻动下，让味道均匀分布，但动作要轻柔，别把面条搅烂了。

7. 面条入锅以后，一定要用小火，因为面条是通过锅内的蒸汽焖熟而不是煮熟。

8. 这款面里的花肉可以换成肋排，芸豆里面还可以添加茄子和辣椒。

葱油海米清汤面

原料：

银丝挂面 200 克，小海米 20 克，鸡蛋 2 个，小红葱头 6 个，生姜 1 块，小葱 1 棵（2 人份）。

做法：

1. 生姜切丝，小红葱头切片。

2. 起油锅，油热后，下入生姜、葱

头和海米，小火煸炒。

3. 添加热水，煮开。

4. 打入鸡蛋。整蛋打入锅内，用盐和一点点白胡椒粉调味。

5. 起锅前撒入葱花或香菜，不喜欢这两样的可以省略。

6. 做汤卤的同时，可以另起一锅煮面。水沸腾后，下入面条，中火煮开，点凉水，继续煮滚。

7. 面条煮至无硬心了，马上捞出，过凉，沥干，盛入碗中。

8. 浇上刚出锅的汤卤即可。

温馨提示

1. 没有红葱头，可以用洋葱、灰葱或小香葱代替。

2. 将葱、姜煸炒至微黄卷曲状，香味释放才充分。

3. 将海米在油锅里煸炒，可以令面条的鲜香味道更浓郁。

4. 不喜欢吃荷包蛋的，可以淋入蛋液。

5. 整蛋打入锅中以后，不要马上去搅动。等鸡蛋凝固成型，再用勺子推动。

6. 不同的面条，煮制时间不同。要根据实际情况决定煮制时间，以面条无硬心为准。

爆锅蘑菇油菜面

原料：

榆黄菇 150 克，外脊猪肉 80 克，土鸡蛋 1 个，油菜 1 把，手擀鸡蛋面 500 克，生姜、洋葱适量。

做法：

1. 将榆黄菇撕成小朵，入开水中焯至变色，捞出冲凉，挤干水分，切段。

2. 将猪肉切片，入油锅煸炒出香味。

3. 下入姜末和洋葱碎炒出香味。

4. 下入油菜茎和榆黄菇煸炒。

5. 烹入一点红烧酱油，加入充足的热水煮开。

6. 将鸡蛋面抖开，下入滚水中，中火煮开。

7. 用盐和一点点糖调味，淋入搅匀的鸡蛋液，马上用勺子抄底推匀。

8. 放入油菜叶子，搅匀烧开即可出锅。

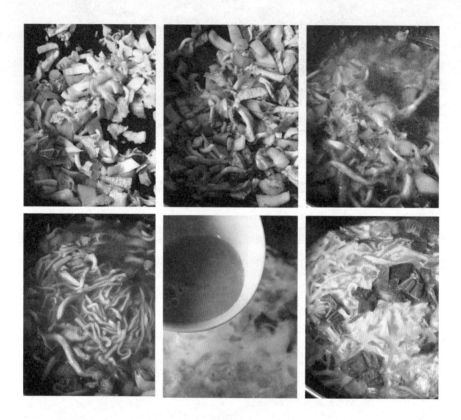

温馨提示

1. 榆黄菇可以用其他蘑菇代替。

2. 鲜面条可以用挂面、方便面、馄饨、干湿面片或者面疙瘩代替。

3. 蔬菜可以任选自己喜欢的品种。

面饼美味的秘密

14道

饼是人们最喜爱的食物之一。其种类繁多，不仅有鸡蛋饼、馅饼、春饼，更有葱油饼、南瓜面饼、煎饼、千层饼。每一种饼，都有美味的秘密，能让你吃出健康和新意。

高压锅版发面油酥饼

原料：

面粉 500 克，酵母 5 克，水约 250 克，盐 6 克，油 50 克（2 个饼的量）。

做法：

1. 将酵母用少量温水稀释，静置 3 分钟，添加面粉，分次少量加水。先把面粉搅拌成湿面絮，然后揉成光滑的面团，盖上湿布或者用保鲜膜包好，放在温暖处饧发。

2. 发酵到面团蓬松，至原来的 1.5–2

 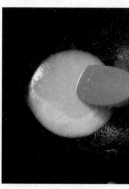 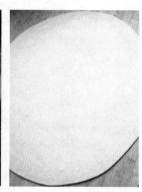

倍大小，取出，揉匀。

3. 将猪油或者其他食用油烧热后转小火，然后加入少量面粉和盐，不断搅拌均匀。待面粉变至微黄时马上关火。

4. 将饧发好的面团取出后，揉匀排气。

5. 把面团擀成厚薄均匀的面皮。

6. 把晾凉的油酥刷在面皮表层。

7. 将面皮自一边紧实卷起。

8. 卷好后，将面卷两端捏紧，然后反方向分别盘卷起。

9. 叠起。

10. 先用手掌轻轻摁压，然后用擀面杖轻微擀平。

169

面食享不停

11. 将擀好的面饼盖上湿布进行二次饧发。

12. 将高压锅烧热，底面抹层薄油，下入饼胚。

13. 盖上盖子，不用加阀，小火烧5分钟关火。

14. 焖5分钟，开盖，把饼胚翻面。继续用小火再烧5分钟，关火，焖5分钟，取出。

温馨提示

1. 饼可以做成咸的，也可以做成甜的。

2. 制作油酥的时候千万别糊了。一般面粉微黄就马上离火，因为油的余温会继续加热面粉。

3. 选用猪油起酥效果最好，味道也香。

4. 也可以在在油酥里添加五香粉、黑胡椒粉、花椒粉、孜然粉或者咖喱粉等任意一种。

5. 擀面饼的时候，别太用力，免得油酥挤出。

6. 饼的大小厚薄根据所用锅具自定，但注意不要擀太薄。发面饼要有一定的厚度，成品内部才会暄软。

7. 二次饧发时间根据季节和室温情况灵活掌握，不能一概而论。勤观察，看到面饼生胚比原来变蓬松、变厚了，就可以下锅了。

小鲜肉饼

面粉 400 克，开水 200 克，25 克凉水，猪肉 300 克，小葱 30 克，生姜 15 克。

做法：

1. 在面粉中加热水，一边添加，一边用筷子搅成湿面絮。

2. 待面絮凉到不烫手的时候，蘸凉水搋面。

3. 将其揉成光滑的面团，盖上保鲜膜静置。

 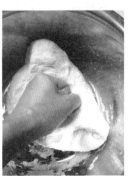 

4. 将三肥七瘦的猪肉先切成小丁，然后剁成肉碎，不必太过细腻。

5. 将剁好的猪肉加生姜末、白胡椒粉、盐、老抽、生抽、料酒和适量水搅拌均匀。

6. 最后添加一点香油和葱碎拌匀。

7. 将饧好的面团取出，揉匀，擀成厚薄均匀的长方形面皮。

8. 把调好的肉馅均匀涂抹在面皮上，分成四行，中间留有空白。

9. 用刀竖着划开面皮。

10. 自短边起，把涂抹肉馅的面皮紧实卷起。

11. 两边捏紧收口。

12. 可以把收口捏紧卷在下方，也可以直接竖着按压成小饼。

13. 静置 10 分钟，用手掌均匀用力

摁压成小圆饼。

14. 在平锅里面加薄油，烧热。把小肉饼平铺进锅子，盖上锅盖，转成中火

煎制。

15. 一面煎黄了以后，翻面，继续煎另一面，待双面金黄即可出锅。

温馨提示

1. 肉馅中要有一定的肥肉，口感更香醇。

2. 刚和好的面团不能马上用，需要盖上湿布饧一段时间。这样面团会柔软细腻，而且有一定的延展性。

3. 用热水和面，要把面团的热气散尽，蘸凉水揿面是一个好方法。

4. 肉馅不必太细腻，有颗粒的感觉，口感更好。

5. 小饼用手掌轻轻按压即可，以防止肉馅挤出。

6. 若是肉饼太厚，担心内部不熟，两面煎黄以后，可以往锅里少喷点热水，盖上锅盖继续烙制，等到锅内滋滋响的时候，开锅把肉饼的两面重新煎脆即可。

苋菜煎卷

紫苋菜 250 克，红薯粉条 50 克，鸡蛋 2 个，虾皮 25 克，大蒜、生姜适量，面粉 400 克，热水 210 克。

做法：

1. 先把苋菜洗净，控干水分。

2. 将 80 摄氏度的热水，浇淋在面粉上，一边浇水，一边用筷子搅拌，水要一点一点地添加。

3. 在盆里留少许干粉，然后将面絮揉成光滑的的面团，盖上湿布饧 20 分钟。

4. 将鸡蛋打散搅拌均匀，将油锅烧热，下入鸡蛋液炒至成形，关火。

5. 直接用铲子在锅里把鸡蛋铲碎，凉透备用。

6. 再起油锅。油温热时，下入姜、蒜末和虾皮，用小火翻炒。

7. 炒至鲜香味飘出，姜、蒜末微微发黄即可关火。

8. 将红薯粉条用热水煮一下，煮至无硬心，即可捞出过凉水，沥干水分，备用。

9. 将粉条切碎，备用。

10. 将苋菜切碎，备用。

11. 将所有的原料混合。

12. 用油先把馅料拌一下，再用盐和一点点味精拌匀。

13. 将饧好的面团取出，揉匀，分割成等大的面剂。

14. 把面剂擀成长方形面皮，尽量薄一点。

15. 把馅料摊在面皮的中间。

16. 两面对折面皮。

17. 将两端面皮压紧，往上折一下。面皮要软一点，这样容易粘连在一起。馅料也可以摊在面皮的一边，先从长边

卷，然后两边往上折，最后再往前折一下长边，卷成长包袱形状。

一面，让收口粘合，以免洒汤。

18. 将平锅烧热，放层薄油，平铺进苋菜卷，盖上盖子中火煎制。先煎收口

19. 底面煎黄以后，翻面，继续盖盖用中火煎至双面金黄即可出锅。

温馨提示

1. 苋菜太老的茎要去除。

2. 因为苋菜不经焯烫，所以清洗之后，水分一定要彻底控干，否则拌馅太水，影响味道，而且也不好包，容易漏汤。

3. 虾皮用小火煸炒后，鲜香味浓，不炒直接用也行，只是味道差些。

4. 煸炒姜、蒜末的时候，不要等变成金黄色再关火，那样火候就过了，味道也会发苦，因为停火后锅和油的余温还会继续加热。

5. 先用油拌菜，可以有效防止蔬菜出水。

6. 因为虾皮有咸味，所以要注意盐的用量。

7. 煎制的时候要盖上盖子，一是熟得快，二是水分不易蒸发，面皮不发硬。

8. 调味随个人喜好，清淡调味更能突显苋菜的清香。

香椿油饼

原料（两个饼的量）：

热水面团 500 克，腌制香椿适量。

做法：

1. 用热水和面，揉好，并将饧好的面团擀薄。

2. 在面皮上均匀涂抹一层油。

3. 把腌制好的香椿碎均匀撒在涂油的面皮上。

4. 沿面皮长的一端卷起，卷实。

5. 卷好以后两端捏紧，然后盘起来。

6. 摁压以后，静置松弛 10 分钟。

7. 用擀面杖擀成自己喜欢的厚度。

8. 将锅子烧热，加一层薄油。

9. 放入面饼，盖上锅盖，中火加热。

10. 待一面煎黄后翻面，继续烙至双面金黄。

11. 饼快烙好的时候，可以在锅里摔打几次或者用硅胶铲子敲打，以便起层。

温馨提示

1. 饼擀薄一点易熟。

2. 烙饼不要用小火，直接用中火。小火太慢，饼内水分蒸发太多，饼的口感会发硬。

3. 怕煳锅的话，中间多翻动几次。

4. 做好的饼要趁热吃，凉了以后口感变硬。

韭菜盒子

原料：

韭菜 300 克，黑木耳 1 把，小虾米 50 克，鸡蛋 3 个，面粉 400 克。

做法：

1. 将面粉倒入一部分热水，用筷子搅拌，留一半干粉。

2. 一点一点地添加冷水，和成不沾手的柔软面团，盖上保鲜膜饧 20 分钟。

3. 将韭菜洗净，控干水分。

4. 将黑木耳提前浸泡，入开水中焯

烫，取出，晾凉。

5. 将鸡蛋搅匀，入油锅中炒至定形，取出，晾凉，切碎。

6. 将黑木耳切碎，备用。

7. 将韭菜切碎，备用。

8. 将小虾米用油煸炒出香味，取出，晾凉。

9. 将韭菜、鸡蛋、木耳和虾米混合，添加油拌匀，然后加盐和一点点味精拌匀。

10. 将面团取出，揉匀，分割，擀成

厚薄均匀的面皮。

11. 包入馅料，捏合边缘。

12. 锅内加点薄油，放入盒子，两面
煎至金黄，取出。

温馨提示

1. 用一半开水、一半冷水和成的面团柔软而且筋道。

2. 将鸡蛋炒至定形即可，也可以用生鸡蛋直接打入。

3. 将小虾米提前用油煸炒一下，鲜香味道更浓郁。

4. 若是怕盒子中间不熟，可以往锅里加一点点热水，等水煎干了，
盒子的面皮脆了即可出锅。

鸡蛋葱花薄饼

原料：

鸡蛋 2 个（蛋液 107 克），面粉 40 克，水 45 克，葱 1 棵。

做法：

1. 将蛋液加水搅匀。

2. 将面粉添加进蛋液，搅打均匀。

3. 将小葱切细碎。

4. 将小葱碎添加进搅好的面糊中，稍微加点盐，继续搅打均匀。

5. 将锅烧热后转小火，稍微加点油。

6. 舀一勺面糊倒进锅中央。

7. 迅速提起锅转动锅身，使面糊均匀分布，粘在锅底。

8. 用小火煎，待面糊颜色由白变黄，

饼边翘起，迅速翻面。

9. 翻面后仔细观察，待饼身微微向上凸起些泡泡，马上铲出。

温馨提示

1. 将面粉添加进蛋液，刚开始面糊中会有颗粒状面粉，静置一会儿再搅打，颗粒会消失。

2. 可以用韭菜碎或者其他蔬菜碎代替小葱碎，但是蔬菜等辅料不能添加太多，否则面糊下锅后转动锅身，蔬菜碎容易积堆儿，流动不起来。

3. 锅内添加油无需多，油多则面糊不容易粘锅。

4. 饼身凸起以后无需久等，否则鸡蛋薄饼会发硬，失去软嫩的口感。

时蔬炒饼

熟油饼 1 个, 圆白菜半个, 胡萝卜半根, 水发木耳 1 把, 海米 50 克, 葱、姜、干红辣椒适量。

做法:

1. 将圆白菜、胡萝卜和水发木耳分别切丝, 备用。

2. 将油饼切成条状。

3. 将葱、姜和干红辣椒提前切成小块。

 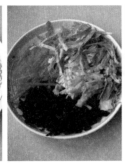  

4. 将海米冲洗之后，用温水泡发至软，擦干表面水分。起油锅，下入海米煸出鲜香味。

5. 下入干红辣椒和葱、姜煸炒。

6. 下入圆白菜、胡萝卜和黑木耳大火翻炒，烹入料酒和生抽调味。

7. 在菜上平铺一层饼丝，稍加一点热水，盖上锅盖。

8. 待锅内水分收干，饼变软，喷上一点香醋，翻炒均匀。

9. 撒上葱花即可出锅。

温馨提示

1. 若是用刚出锅的油饼做炒饼，锅内就不必添加水；若是用冷的油饼，则需要加点水把饼焖软。

2. 在锅内加水后，不要急于去翻炒饼，那样容易把饼泡湿泡软，影响口感。等到锅底的水分收干，蒸汽把饼蒸软再去翻炒，这样饼既能入味，还可以保持筋道的口感。

3. 荤的材料可以选择肉丝或是鸡蛋，蔬菜可以选择青椒丝和绿豆芽等。

4. 饼和海米本身都有咸味，所以盐要酌情添加。

荠菜馅饼

原料：

野生荠菜 250 克，黑木耳 1 把，鸡蛋 3 个，虾米 50 克，葱、姜适量，面粉 500 克，酵母 4 克，水约 250 克。

做法：

1. 将酵母用温水稀释，添加干面粉，先用筷子搅拌成湿面絮，然后揉成光滑的面团，盖上湿布，放在温暖处饧发。

2. 将荠菜摘洗干净，沥干水分。

3. 将荠菜入开水中焯烫至变色，捞出。

4. 将荠菜冲凉，攥干水分，切碎，备用。

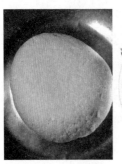   

5. 将黑木耳提前用冷水泡发，搓洗干净，用之前用热水焯一下。

6. 将黑木耳晾凉后剁碎，备用。

7. 将鸡蛋打散搅匀，入油锅中炒至定形关火，用铲子铲成小块或者用刀切碎。

8. 将虾米冲洗一下，用温水泡发至软，捞出。

9. 把以上原料混合。

10. 切葱碎和姜末。

11. 添加油、盐和一点点味精拌匀馅料，最后滴点香油拌匀提味。

12. 待面团膨胀到原来的 2 倍左右，

取出，揉匀，排气。

13. 将面团分割成等大的面剂，擀成四周薄中间厚的圆面皮。

14. 尽可能多地包入馅料，捏成圆包子状，将收口处捏紧，倒扣放置，用手掌轻轻按压一下。

15. 将包好的馅饼盖上湿布，放在温暖处继续进行第二次饧发。

16. 饧发至面皮蓬松轻盈的状态，取平底锅放置火上，添加少量油在锅底（不粘锅也可以不用油），然后把馅饼均匀铺进锅里。盖上盖子中火煎制。待底面煎黄，翻面，继续用中小火煎至金黄即可。

温馨提示

1. 浸泡虾米的水没过即可，无需太多，时间也不要太长，否则鲜味和营养都会有不同程度的流失。

2. 吃的就是野生荠菜的鲜美滋味，鸡蛋、虾米都可以增鲜，无需再额外添加其他调味品，以免掩盖食材本真味道。

3. 饼的收口处一定要捏紧，以防露馅漏汤。

4. 饼下锅以后，要注意让两个饼之间适当留有空隙。

5. 若是馅饼厚，担心两面煎黄了馅料里面没熟透，可以往锅里稍微喷点热水，然后盖上盖子继续煎制，直至锅底水分收干。这时候可以把馅饼再翻一次面，继续把上面这层被水蒸气蒸软了的面皮再煎至回油起锅。这样做的好处是保证馅料熟透，馅饼的面皮蓬松而且口感不硬。如果馅饼很小或者很薄就不必喷热水了。

麻酱烧饼

原料：

面粉 500 克，酵母 5 克，水约 250 克，芝麻酱 75 克，香油 40 克，麻椒、盐、糖、蜂蜜适量。

做法：

1. 将酵母用温水化开，添加面粉，揉成光滑的面团，盖上湿布饧发 20 分钟。

2. 将花椒在平锅内，用小火烘一下。

3. 将花椒取出晾凉，擀成粉状。

4. 取两勺芝麻酱，用适量芝麻油澥开，呈稀糊状。

5. 添加花椒碎。

6. 添加白糖、盐，搅拌均匀。

7. 取出面团，揉匀，排气。

8. 将面团擀成厚薄均匀的长方形面片。

9. 舀上搅拌好的芝麻酱料。

10. 用勺子摊开并抹匀。

11. 沿面片短边处开始卷起。

12. 分割成等大的面剂。

13. 把面剂竖起，两端收口捏紧。

14. 先用手掌按平，然后擀成饼状。

15. 用刷子在饼皮的一面刷上蜂蜜水（蜂蜜与水比例为 1 ∶ 1）。

16. 蘸满芝麻。

17. 将做好的饼胚盖上湿布饧15分钟。

18. 烤箱180摄氏度预热，放入饼胚，中层上下火，烤至表面微黄即可。

温馨提示

1. 喜欢有嚼劲的，麻酱烧饼的面团半饧发即可，做好的饼胚也不必再次饧发；喜欢蓬松口感的，可以等到全饧发。

2. 喜欢浓香口味的，可以多添加麻酱。我用的麻酱不多，饼味淡香。

3. 喜欢甜口的，可在麻酱中添加糖；喜欢咸口的，可在麻酱中添加盐，酌情添加花椒粉。

4. 芝麻酱搅拌后没有结块、用筷子挑起能缓慢流下为宜。

5. 烤制时间根据各家烤箱具体情况来定。

6. 麻酱烧饼也可以用平底锅或者饼铛烙制，做出的成品比用烤箱烤的要软和，用烤箱做出来的比较有嚼头。

千层饼

原料（2 个肉饼的量）：

面粉 400 克，开水 200 克，凉水 25 克，猪肉 300 克，小葱 30 克，生姜 15 克。

做法：

1. 往面粉里加热水，一边添加，一边用筷子搅成湿面絮。

2. 凉到面絮不烫手的时候，蘸凉水搋面，揉成光滑的面团，盖上保鲜膜静置。

3. 将三肥七瘦的猪肉清洗干净。

4. 将猪肉先切成小丁，然后剁成肉碎，不必太过细腻。

5. 在剁好的猪肉里加上生姜末、白胡椒粉、盐、老抽、生抽、料酒和适量水搅拌均匀。

6. 添加一点香油和葱碎拌匀。

7. 将饧好的面团取出，揉匀。

8. 将面团擀成长方形厚薄均匀的面皮。

9. 把调好的肉馅均匀涂抹在面皮上。

10. 按照九宫格划开面皮。

11. 把涂抹肉馅的面皮向内卷起一片。

12. 把另一端折过来。

13. 继续往前翻。

14. 把右侧面皮折压过来。

15. 将另外一侧也折压一下，继续前翻。

16. 将两侧对折，把收口处小心捏紧。

17. 静置10分钟，用擀面杖轻轻擀一下。

18. 在平锅里面加薄油，烧热，把肉饼平铺到锅里。

19. 盖上锅盖，转成中火煎制。

20. 一面煎黄了以后，翻面，继续煎

另一面。双面金黄即可出锅，切成小块，装盘。

温馨提示

1. 肉馅中有一定的肥肉，口味更香醇。

2. 刚和好的面团不能马上用，需要盖上湿布饧一段时间。这样面团会变得柔软细腻，而且有一定的延展性。

3. 肉馅不必太细腻，有颗粒的感觉，口感更好。

4. 做好的肉饼松弛以后，用擀面杖轻轻擀压就行，但要防止肉馅挤出。

5. 若是肉饼太厚，担心内部不熟，两面煎黄以后，可以往锅里少喷点热水，盖上锅盖继续烙制。等到锅内滋滋响的时候，开锅把肉饼的两面重新煎脆即可。

蒸春饼

原料：

面粉 250 克，开水 120 克，凉水 50-60 克，油适量。

做法：

1. 在 250 克面粉中先加 120 克的开水，边加水边用筷子搅拌，然后再加 50-60 克的凉水，把剩下的干粉搅拌成湿面絮。

2. 不烫手的时候，把湿面絮揉成面团，盖上湿布饧 20 分钟。

3. 把面团取出,稍加干粉揉匀揉光滑。

4. 将揉好的面团搓成粗细均匀的长条,然后分割成等大的面剂儿。

5. 把面剂全部摁压成小圆饼。

6. 分别在每个面皮上涂抹一层食用油。

7. 然后两个或者三四个叠放在一起。

8. 一起擀匀擀薄,备用。

9. 锅底加水,在锅屉上先刷层油,水烧开后,先放入一张或者一叠擀好的春饼。

10. 盖上锅盖大火蒸制。蒸制的时候，可以用来擀下一组面饼。

11. 手里这组面饼擀好了，就可以开锅，把这组面饼叠放在第一组上面，然后盖上锅盖继续用大火蒸。一直蒸到最后一组面饼放入，盖上锅盖继续蒸3分钟关火。

12. 开锅以后先散散热气。等到不烫手时，趁热一组组分开，并一层层揭开春饼，然后趁热上桌，卷菜食用。

温馨提示

1. 和面的时候，水要分次添加，不要一次性全部加入。面粉的吸水性不同，水量仅供参考。

2. 揉面团的时候，根据面团的具体情况决定是否添加干粉，以操作不粘手、不粘面板为宜。

3. 面剂大小和饺子面剂差不多即可。

4. 一次多个面皮摞在一起省时间，但是蒸好以后揭开春饼需要费时间。也可以把一个个面剂儿擀好，然后一张一张地往锅里放。

5. 往锅里叠放饼的时候，要注意别烫到手。

6. 蒸好的春饼上桌时，最好是用干净毛巾盖着，或者用小蒸锅直接上桌，否则春饼凉了，口感发硬。

鸡油葱花饼

原料：

面粉 200 克，热水 80 克，冷水少许，小葱 20 克，鸡油 40 克。

做法：

1. 在面粉中添加热水，一边添加，一边用筷子搅拌成湿面絮，然后用拳头蘸冷水搋面。

2. 揉成光滑的面团，盖上湿布饧 20 分钟。

3. 将小葱切碎。

 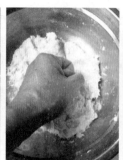  

4. 在葱中加盐拌匀。

5. 取两勺鸡油，添加适量面粉搅拌均匀。

6. 然后把加盐的葱碎添加进油酥，搅拌均匀。

7. 将饧好的面团取出，揉匀。

8. 擀成厚薄均匀的面片。

9. 把和好的葱油酥均匀涂抹在面片上。

10. 撒上一层黑胡椒粉。

11. 自长边一端卷起。

12. 将卷好的面条反拧上花。

13. 自两端开始向中间盘起。

14. 叠加在一起。

15. 先用手掌摁平，然后用擀面杖轻

轻擀平。

16. 油锅热好，下入饼胚。

17. 盖上盖子，用中火煎制。

18. 煎至两面金黄即可取出。

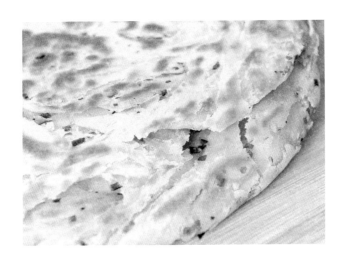

温馨提示

1. 黑胡椒粉可以用花椒粉、五香粉、孜然粉等代替，随自己的口味喜好选择。

2. 烙饼要用中火。小火太慢，烙的时间太长，水分蒸发太多，饼的口感会变硬。

3. 烙饼的面要和得软些，像耳垂软就可以。烫面比凉水面的口感要软糯。

4. 油饼出锅以前，可以把饼铲起来，往锅里摔几下，也可以把饼从两边往中间挤几下，这样有助于饼的起层。

黄金泡泡饼

原料：

面粉 500 克，鸡蛋 1 个，白糖 20 克，酵母 5 克，水约 210 毫升，花生油适量。

做法：

1. 将酵母用温水化开，静置 2 分钟。

2. 打入 1 个鸡蛋，加入 1 勺白糖，搅匀。

3. 添加面粉，一边添加，一边用筷子搅成湿面絮。

4. 将面絮揉成光滑的、稍微软一点的面团，盖盖放在温暖处发酵。

5. 待面团膨胀到原来的 2 倍大时，取出，揉匀，排气。

6. 将面团分割成等大的面剂。

7. 逐个揉匀，擀成厚薄均匀的面饼，再次饧发至蓬松轻盈状。

8. 起油锅。油烧至七八成热后，下入面饼，转中小火炸制。

9. 饼在高温油锅内迅速鼓起，待底面炸至金黄，翻面。炸至双面金黄，取出，沥干油即可。

温馨提示

1. 可以在面粉中什么都不添加做成原味的饼，也可以少量添加其他杂粮粉。根据个人口味适量添加牛奶、鸡蛋和糖。

2. 面粉的吸水性不同，所以水量要酌情掌握，原则是炸饼的面团要比做馒头的软些。而且饼不要做得太厚，太厚了不容易炸透。

3. 面饼下锅之前的二次饧发要充分，否则下锅后即便是油温合适，面饼也不会迅速膨胀。饧发时间根据室温情况灵活掌握。

4. 锅里面的油一定要充分烧热后再下饼胚。太低的油温，饼胚下锅后不能迅速膨胀，呈扁平状；太高的油温又容易外表炸煳而内部不熟。以七八成热的油温为宜。

5. 面饼膨胀后，注意别把气泡给捅破了，否则面饼内进油，吃起来不清爽，油腻。

6. 面饼可以一次多炸点，凉透后装进密闭的保鲜袋内，第二次吃的时候，用蒸锅稍微一蒸，口感又软又香，和新做的一样。

7. 这款饼可以用南瓜泥或紫薯泥等代替水和面，营养会更丰富。

8. 炸好的面饼可以对半切开，夹入蔬菜或肉类一起食用，还可以在饼内加糖或者豆沙、莲蓉等馅料，同样美味可口。

火腿葱花饼

面粉 150 克，酵母 2 克，鸡蛋 1 个，火腿 1 根，水约 110 毫升，小葱、盐、黑胡椒粒适量。

做法：

1. 将酵母用温水稀释，静置 3 分钟，打入鸡蛋，搅匀。

2. 一点一点地添加面粉，边添加边搅拌。添加一点点盐，继续沿一个方向搅动，搅成稠一点的面糊。

3. 盖上保鲜膜放在温暖处饧发，至

面糊表面产生许多气泡时取出。

　　4.　在平底锅中抹油，用橡皮刮刀把所有的面糊刮入锅中，自然摊平。

　　5.　撒上一层葱花，铺上一层火腿肠，再撒上一层黑胡椒粒。

　　6.　盖上盖子静置10-20分钟。

　　7.　开小火，慢煎，至底面金黄，翻面，继续小火煎另一面。

　　8.　当双面煎至金黄，敲打饼身砰砰作响时即可出锅。

温馨提示

　　1.　可以根据自己的口味适量添加牛奶和糖。若是添加了牛奶，水量要酌情减少。

　　2.　烙饼的时候盖上锅盖，全程用小火，熟得快，且颜色和口感好。

　　3.　具体煎制时间视饼的厚薄而定。用铲子敲打饼身砰砰作响，表明内部已经熟透。

　　4.　面粉中可以少量添加其他杂粮粉，以不超过总量的三分之一为宜。

　　5.　表面的火腿可以换成虾仁、鱿鱼圈、卤肉丁、肉松等。

　　6.　饧发好的面糊也可以倒进模具里上锅蒸制，表面点缀上红枣、葡萄干、蔓越莓干等，做成香甜可口的发糕。

小面点，

大滋味

10道

任何一场美食宴都少不了小面点的装点，虽然它们看着不起眼，但却对美食宴起着至关重要的作用，可谓块头小小的，滋味大大的。

发面麻花

原料：

面粉 500 克，鸡蛋 4 个，白糖 40 克，酵母 4 克，花生油适量。

做法：

1. 将酵母用少量温水稀释，静置 3 分钟。

2. 打入鸡蛋，加入白糖。

3. 用筷子搅打均匀。

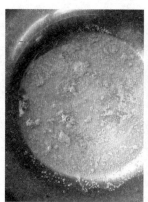 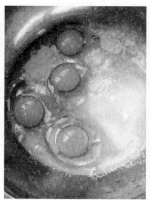 

4. 添加面粉。先加 500 克，用筷子搅匀。感觉面粉少了，就再一点点试着添加干面粉。面粉的量根据自己用的液体量来决定。

5. 把搅好的湿面絮揉成光滑的面团，盖上保鲜膜，放在温暖处饧发。

6. 等到面团饧发至原来的 2 倍大小时，取出。

7. 揉匀，排气。

8. 将揉好的面团擀成长方形的面饼，

然后从一端开始，依次把面饼切成一根根粗面条。

9. 将切好的面条在面板上搓揉成均匀粗细的细长面条，粗细长短随意。

10. 将搓好的面条对折，两手捏紧面条（对折后）的两端，双手向相反的方向重复拧这个动作。拧到不能再拧了的时候，两只手对折一下，麻花就自动形成了。然后把面条两个头的一端从另一端的缝隙中穿出来。

11. 麻花全部拧好以后，摆放在盖帘上，用湿布或保鲜膜盖上，放在温暖处进行二次饧发。

12. 等到麻花饧发到胖胖的样子，把

油锅烧热，依次将麻花下锅，用中火炸制。

13. 麻花下锅以后要勤观察、勤翻动，等到麻花整个颜色变成金黄色了，即可捞出控油，晾凉食用。

温馨提示

1. 酵母静置3分钟，是为了增加酵母的活性，从而加快面团的发酵速度。

2. 白糖的用量可以自由增减。

3. 面团揉到不软不硬就行。

4. 摆放在盖帘上的麻花，中间要有距离，以免蓬发以后粘连。

5. 二次饧发时间长短要根据室温自行调节，不能一概而论。

6. 若是拿捏不准油温，可以用个小麻花试下油温。麻花下油锅后马上浮起，说明这时候的油温正合适。

7. 炸麻花的时候别用大火，以免外表炸糊了内部还没熟。油烧热后转成中小火。

黑豆玉米面窝头

原料：

玉米面和黑豆面共 500 克，比例是 2 ：1，鸡蛋 1 个，小苏打 2 克，白糖 20 克，温水约 350 克。

做法：

1. 将玉米面和黑豆面混合。

2. 在面中添加白糖和小苏打，混合均匀。

3. 打入 1 个鸡蛋。

4. 一边添加水，一边用筷子搅拌面粉。

5. 搅拌到盆里没有干面粉时，改用抓和搋这两个动作，然后静置 10 分钟。

6. 取一个面团，用两手反复揉搓，直至揉圆。

7. 用手指把面团底部戳一个窟窿，让

窝头四周厚薄均匀，整好形状静置一旁。

8. 全部做好以后，屉上干玉米皮。

9. 开火，入锅蒸制，开锅后继续用中火蒸 12 分钟即可。

温馨提示

1. 没有黑豆面，用黄豆面代替也可以。

2. 有条件的话，面粉最好是选用石磨新磨的粉，风味更佳。

3. 添加糖和鸡蛋，能有效改善口感，增添风味。

4. 添加食用小苏打是为了增加蓬松度，但注意不要过量添加。

5. 多搋一会儿面，窝头会更加暄软。

6. 具体蒸制时间依据窝头大小灵活掌握。

鸡蛋脆麻花

面粉 500 克，鸡蛋 5 个，白糖 60 克，花生油 40 克。

做法：

1. 把所有的原料混合在一起，用筷子搅匀。

2. 将其揉成光滑的面团，用保鲜膜封好静置 30 分钟。

3. 取出饧发好的面团，揉匀，排气。

4. 把面团分成大小均匀的面剂。

5. 把小面剂逐个搓成铅笔粗细的面条。

6. 将面条两端对折。

7. 一手捏紧一端，另一端绕食指沿一个方向转圈。

8. 面条全部上劲后，将两个头的一端从另一端缝隙中穿出来。

9. 起油锅。油七成热时麻花即可下锅，小火炸制，勤翻动。

10. 炸至金黄酥脆，即可捞出控油，晾凉后食用。

1. 想要麻花更加酥脆的口感，把麻花做成对折一次的就可以，而且要把面条搓得足够细。

2. 油温热后，即可下入麻花。小火慢慢炸制，直至炸成金黄。这样才会有酥脆的口感。

3. 麻花凉透后，用保鲜袋密闭封好，下次食用不影响口感。

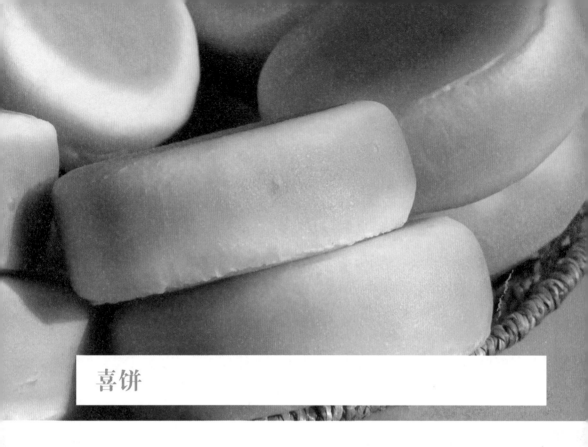

喜饼

原料（15 个喜饼的量）：

面粉 700 克，5 个鸡蛋，100 克花生油，白糖 100 克，酵母 8 克，温水 100 毫升。

做法：

1. 将酵母用 100 毫升 30 摄氏度左右的温水稀释，静置 3 分钟。

2. 在放酵母的盆中加入鸡蛋、花生油和白糖。

3. 混合后用筷子搅匀。

4. 将面粉加入盆中。

5. 一边添加，一边搅拌，直至全部搅拌成絮状面块。

6. 将面絮揉成光滑的面团。

7. 盖上保鲜膜，放在温暖处饧发。

8. 将面团饧发至 2 倍大小。

9. 取出。

10. 反复揉匀，揉到切面没有明显气泡为止。

11. 将面团分割成等大的 15 个面剂，每个 80 克左右，然后把每个面剂再次揉成光滑的小面团。

12. 用擀面杖把面剂分别擀成厚 1 厘

米、直径9厘米左右的薄饼胚，盖上布放在温暖处再次饧发。等饼胚饧发至原来的2倍厚，用手掂起来有轻盈的感觉就可以下锅了。

13. 在平底锅内刷层薄油，开火，等锅烧至温热，下入饼胚。

14. 盖上盖，用小火烙制。

15. 烙至一面金黄后，翻面，直至两面金黄。

16. 另起一油锅，小火烧热，戴上手套，趁热把双面烙成金黄的饼竖起来，让饼边在锅内滚圈，直到饼边变成均匀的金黄色，取出，晾凉食用。

温馨提示

一、如何加速面团的饧发速度

1. 适当增加酵母的用量。

2. 采取打面酵的方式，就是在第 5 步中先添加一半的面粉搅成稀糊状，盖上保鲜膜饧发至表面出现许多小气泡，再添加另一半的面粉进去搅拌，然后揉成面团，再次饧发。这样会加快整个饧发的速度。

二、喜饼的材料配比

10 个鸡蛋，200 克花生油，200-400 克糖。糖的用量可以随自己喜好自由掌握。一般 1 个鸡蛋可以做出 3 个喜饼。

喜饼材料当中无需添加水。如果想加快发酵的速度，可以提前用 100 克的温水稀释酵母。

三、面团的软硬

揉成的面团太硬太软都不行，比饺子面稍软点即可。

四、喜饼的口感

用筷子搅打液体时，可以适当多搅打会儿。让糖充分融化，才能与其他原料更好地融合，做出的喜饼口感会更好。

五、滚边的技巧

1. 由于需要趁热滚边，所以一定要戴上干净的手套，免得烫手。

2. 家中圆底的锅比较适合竖起的喜饼在锅内自然滚动。

3. 滚边的锅内每次要添加少量的油。这样不仅容易上色，并且做出的喜饼外观好看。

六、喜饼的贮存

1. 做好的喜饼应尽快食用。一次食用不完，可以用保鲜袋封好，放在低温处保存。

2. 下次食用前也可以用平锅或是烤箱低温加热，将其恢复到刚出锅时外酥里软的程度即可。

榨菜鲜肉月饼

原料:

水油皮面团: 普通面粉100克,猪油25克,温水55克,糖5克,盐5克。

油酥面团: 普通面粉100克,猪油50克。

馅料: 猪肉馅(肥三瘦七)适量,盐、生抽、糖、胡椒粉、油、葱、姜末适量。

做法:

1. 将猪板油洗净,切成大小均匀的块状。

2. 放入炒锅中,加入半碗水,大火烧开。

224

3. 至水分烧干，转小火慢熬。

4. 至油渣变成金黄色，关火，捞出油渣，沉淀后过滤保存。

5. 分别将水油皮面团和油酥面团混合揉成两个光滑的面团，盖保鲜膜静置松弛 20 分钟。

6. 将榨菜洗净，切小粒。

7. 将切好的榨菜清洗两遍，去掉部分咸味，然后攥干水分。

8. 和剁好的肉馅拌在一起，然后添加其他调味料。

9. 朝一个方向搅拌，使肉馅上劲，然

后放入冰箱冷藏 1 小时备用。

10. 将水油皮面团和油酥面团分别分成大小均等的 8 份，滚圆，盖上保鲜膜避免风干。

11. 取一个水油皮面团在掌心按扁，包入一块油酥面团。

12. 将收口朝下，用手掌按扁。

13. 用擀面杖擀成牛舌状。

14. 卷起，同样把剩余的全部面团做成牛舌状，盖保鲜膜静置 15-20 分钟。

15. 静置好后取一份卷好的面团，再次擀长。

16. 再次卷起。

17. 然后将面团擀成圆形的面片。

18. 包入馅料。

19. 将收口朝下，排入烤盘。

20. 烤箱预热后，放入烤箱中层，温度设置在 200 摄氏度。上下火烤 5 分钟，取出，均匀刷层蛋液，继续入烤箱烤 20 分钟左右，烤至表面变色即可。

温馨提示

1. 趁热食用榨菜鲜肉月饼，风味最佳。

2. 榨菜足够咸，所以要提前清洗两遍。若是直接添加肉馅，需要酌情把握榨菜和肉馅的比例。

3. 榨菜无需切太细，粗一点的颗粒吃起来口感更好。

4. 馅料不要包得太多，否则烤制过程中容易爆肚儿。

5. 酥皮包裹馅料后，收口处不能沾上肉馅，否则难以捏紧。

6. 可以用植物油或者黄油来代替猪油。但植物油的起酥性比较差，用它做出来的点心没有猪油可口。

7. 除了榨菜鲜肉馅，还可以用纯肉馅、豆沙馅、枣泥馅、蛋黄馅等来做苏式月饼。制作手法相同。

8. 猪油可以一次多熬些，冷却沉淀滤渣后，收入干净密闭的容器，冷藏保存。

紫薯月饼

原料：

饼皮：普通面粉 135 克，转化糖浆 98 克，枧水 2 克，玉米油 38 克，鸡蛋 1 个。

馅料：紫薯 550 克，糖 30 克，黄油 30 克。此分量可做 15 个 50 克左右大的月饼。

做法：

1. 将洗净的紫薯用高压锅压熟。

2. 去皮后捣碎。

3. 添加黄油和糖，用小火炒制，炒至水分蒸发，晾凉。

4. 在糖浆中加植物油、枧水搅拌均匀。

5. 加入面粉搅拌均匀。

6. 盖保鲜膜放冰箱冷藏 1 小时。

7. 取出后，将饼皮分成 15 份，再将馅料分成 15 份。

8. 取饼皮在掌心压扁，包入馅料，小心收口。

9. 在月饼模具上沾些面粉，晃动之后将面粉倒出，然后将月饼胚子放入模具。

10. 按压成月饼。

11. 将做好的月饼，放入预热好的烤箱中，设置到 200 摄氏度，烤 5 分钟。

12. 取出，在表面刷层蛋液。

13. 再烤 15 分钟，取出，放凉，密封保存，等回油后再吃。

温馨提示

1. 紫薯馅料炒好晾凉后，如果过筛，口感会更加细腻。

2. 只要是无色无味的植物油都可以用来做饼皮。

3. 可以把南瓜、山药、板栗、大枣、莲子、红豆等蒸熟后打成泥，然后加糖和油炒成馅料。注意必须把水分炒干才能做馅。

4. 枧水若是买不到，可以用食用碱面和水按 1：3 的比例混合调制成液体来代替。

5. 刚出炉的月饼不要急着吃，等回油后再食用口感更佳。

抓果

原料：

面粉 500 克，酵母 5 克，鸡蛋 2 个，白糖 40 克，牛奶、花生油适量。

做法：

1. 将酵母用 30 摄氏度左右的温水稀释，静置 3 分钟。

2. 在放酵母的盆中加入鸡蛋、花生油、牛奶和白糖，混合后用筷子搅匀。

3. 将面粉加入盆中，一边添加，一边搅拌。

4. 直至全部搅拌成湿面絮。

5. 揉成光滑的面团，盖上保鲜膜，放在温暖处饧发。

6. 等到面团饧发至2倍大小时，取出。

7. 反复揉匀，揉到没有气泡为止。

8. 将面团擀成厚薄均匀的薄面饼。

9. 然后切成菱形的小面块。

10. 盖上包袱放在温暖处再次饧发。等饼胚饧发至蓬松状，用手掂起来有轻盈的感觉就可以下锅了。

11. 在平底锅内刷层薄油，开火，等锅烧至温热，下入饼胚，盖上盖子用小火烙制。一面金黄后，翻面，烙至两面金黄时取出。若是抓果比较厚，可以把侧面也烙制一下。

温馨提示

1. 加了鸡蛋和花生油的面团，饧发时间要比普通的面团饧发时间长。

2. 想要加速饧发时间，可以适当增加酵母的用量。

巧果和抓果豆

原料：

面粉 1000 克，酵母 10 克，鸡蛋 4 个，花生油 40 克，白糖 50 克。

做法：

1. 将酵母和白糖用少量温水稀释。

2. 磕入鸡蛋，加入花生油。

3. 搅打均匀。

4. 加入面粉。

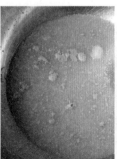
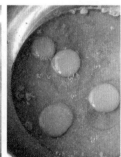

5. 用筷子搅成面絮。

6. 揉成面团，盖上湿布饧发。

7. 将面团饧发至原来的1.5倍大小。

8. 取出，揉匀，排气，分割成小面剂。

9. 在模具中先撒一层干面粉，然后把干面粉磕出来，免得粘连。

10. 把小块面团塞进模具，并用手指摁实。

11. 然后把模具倒扣，把巧果面胚给磕出来。

12. 将磕好的巧果稍微饧发一下，不用完全饧发。

13. 把巧果平铺进已经烧热的锅中，用中火烙至两面金黄时取出。

14. 另取一份面团，擀成圆形面饼。

15. 先切成 1 厘米宽的面条，再切成 1 厘米见方的面豆儿。

16. 稍微饧发会儿（也可以不饧发），直接铺入热好的平锅内。

17. 烙至四面金黄色即成抓果豆。

温馨提示

1. 面粉中添加的油、蛋、糖的量随个人口味调整。可以只用面粉，也可以添加牛奶、奶粉等。

2. 面团不宜太软，否则巧果的花纹不明显。

3. 二次饧发只需一小会儿。若是等到完全饧发，做好后巧果的花纹一般都会太淡或者消失。

4. 抓果豆也可以用油炸，口感同样酥脆香甜。

苦菊蒸豆面

原料：

苦菊 300 克，豆面 200 克，葱、姜、香菜适量。

做法：

1. 将苦菊洗净，控干水分。

2. 将苦菊切大段。

3. 将葱、姜、香菜洗净，沥干水分。

4. 切碎上述食材，备用。

5. 混合以上食材，添加一点点盐和味精拌匀。

6. 撒上豆面，再次拌匀，让苦菊均匀裹上一层豆面。

7. 入锅，平铺在屉上。

8. 开大火，隔水蒸，上汽后 8 分钟停火。

温馨提示

1. 用石磨推出的粗颗粒的豆面更适合做豆沫。

2. 豆面的用量要掌握好，只要每根蔬菜上都均匀地裹上一层就行。

3. 具体蒸制时间依据食材的多少来定，蒸熟就行。蒸太久了，菜会太过软烂，影响口感。

荠菜豆沫球

原料：

绿萝卜 1 个，野生荠菜 200 克，大豆粉 300 克，葱、姜适量。

做法：

1. 将萝卜洗净，打成丝。

2. 将萝卜丝入开水中焯烫至软。

3. 捞出马上浸凉，攥干水分，备用。

4. 将荠菜摘洗干净。

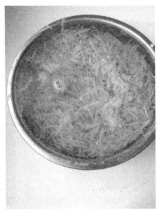

5. 将荠菜切碎。

6. 将葱、姜切末。

7. 将萝卜丝、荠菜和葱、姜末混合，添加少量盐和味精拌匀。

8. 添加适量的豆面粉拌匀。

9. 将菜和粉拌匀，握成球状团子。

10. 将团子放屉上，冷水入锅。上汽后转中火，继续蒸 15 分钟关火。

温馨提示

1. 大豆粉的量不能太多也不能太少，以每根蔬菜都被裹上一层薄薄的粉且不堆积为宜。

2. 黄豆粉的颗粒粗一点，口感会更好。也可以用豆浆渣或豆腐渣代替。

3. 蔬菜的种类可以随自己的喜好选择。做成团子形状的，一般需要提前把菜焯烫下；如果拌好以后直接入锅蒸制的，蔬菜可以不烫。

4. 具体蒸制时间要依据菜团子的大小来定。

面与汤的缠缠绵绵

5道

面粉撑起汤的场面，汤提升面粉的味觉。面与汤相互融合，形成了自己独特的风味。面与汤的缠缠绵绵，经典之处在于彼此从不喧宾夺主，总是让人后知后觉地感受到它们的绝妙，不起眼却回味无穷。

菠菜牛肉猫耳朵

原料:

凉水面团 300 克，卤牛肉半碗，牛肉汤 1 碗，菠菜、熟玉米粒、洋葱、胡萝卜、水发木耳适量。

做法:

1. 将用凉水和好的面团饧 20 分钟后，取出，揉匀，擀成 1 厘米厚薄的大面片。

2. 先把面片切成 1 厘米宽的面条，然后切成 1 厘米见方的面块，撒上干面，用手掌搓匀搓圆。

3. 逐个用拇指外侧摁压面块，并往

  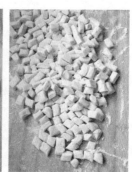

前推赶面块成猫耳朵形状。

4. 全部搓好后，静置一旁。

5. 起油锅，爆香洋葱丁。

6. 下入胡萝卜丁煸炒至软。

7. 下入卤牛肉丁和黑木耳，煸炒均匀。

8. 添加一碗牛肉汤和适量热水。

9. 大火煮开。

10. 撒入猫耳朵，马上用勺子在锅里推匀并搅动。

11. 大火煮至猫耳朵浮起，转小火继续滚煮至猫耳朵无硬心。

12. 淋入搅好的鸡蛋液。

13. 添加焯烫切段的菠菜，用盐和胡

椒粉调味。

14. 起锅前撒上葱花、香菜。

温馨提示

　　1. 做猫耳朵的面团要稍微硬点，太软了不好操作。由于面粉的吸水性不同，所以和面时用的水量也不同。一般情况下，500 克面粉大约用 250 克水，可根据自家面粉的特性酌情掌握。

　　2. 和面时，水要试着分次添加。

　　3. 猫耳朵的大小可随意制作。

　　4. 猫耳朵可以用莜麦粉等粗粮制作，也可以在面粉中适量添加杂粮粉。可以用胡萝卜汁、菠菜汁等蔬菜汁和面。猫耳朵可以用面疙瘩、干面片、馄饨、面条等代替；牛肉汤可以用大骨汤、鸡汤等代替。若是没有高汤，用点花肉爆锅，或者用点干贝、海米、虾皮爆锅提鲜，都是不错的选择。至于蔬菜，可以任选自己喜欢的搭配。

蛤蜊南瓜面片汤

原料：

南瓜泥 120 克，面粉 250 克，黑蛤 250 克，鸡蛋 1 个，白菜 2 片，水发黑木耳 1 把，葱、姜适量。

做法：

1. 将南瓜去皮切块，入高压锅压制
5 分钟。

2. 自然冷却后用筷子搅成南瓜泥，和
面粉一起搅拌，揉成硬一点的面团，盖保

鲜膜饧 20 分钟。

3. 把面团充分揉匀，用擀面杖擀成厚薄均匀的薄面片。

4. 将面片卷在擀面杖上，用刀在擀面杖上竖划一刀。

5. 把面片纵切几刀。

6. 斜切成菱形小面片。

7. 将黑蛤洗干净后，凉水下锅，煮开口后马上关火。把蛤蜊肉取出，煮蛤蜊的原汤保留。

8. 起油锅。油温热后，下入姜末炒香。

9. 加入白菜大火煸炒至软。

10. 添加蛤蜊原汤，煮开。

11. 下入面片和黑木耳，用勺子搅动。

大火煮开后，转中火继续煮1分钟。　　　蛤蜊肉，关火。

　　12. 淋入搅好的鸡蛋液，撒入葱花和　　　13. 调入适量盐即可出锅。

温馨提示

　　1. 面团尽可能硬一些。

　　2. 擀面时用玉米淀粉做手粉，爽滑不粘连。

　　3. 最后一次擀卷大面片时，适当多撒一点淀粉，然后抹均匀。这样切好的面片即使重叠在一起，也很容易抖开。

　　4. 切好的面片均匀摊开，一次吃不完的可以稍微晾一下，然后收在保鲜袋内冷冻起来，也可以全部晾干，常温保存。

　　5. 蛤蜊可以不用提前煮，直接放在汤中，但必须保证蛤蜊不含沙子。提前煮，可以将原汤静置后把沉淀的沙子去除。

　　6. 新鲜的蛤蜊原汤鲜味足够，无需添加味精等佐料增鲜。

　　7. 用蛤蜊入汤，最好不要添加酱油。加酱油，一是会改变清澈的汤色，二是会破坏贝类特有的鲜味。

海鲜疙瘩汤

蛏子 500 克，青笋 2 根，面粉 150 克，鸡蛋 2 个。

做法：

1. 将鲜活的蛏子清洗干净,沥干水分。

2. 加冷水，开大火煮至开口。

3. 捞出开口的蛏子，取其肉，顺便撕掉蛏肉周围的黑膜。

4. 用煮蛏子的原汤清洗一遍取出的蛏子肉。

5. 捞出蛏子肉。

6. 把原汤沉淀，滤去底部的泥沙。

7. 将青笋去皮。

8. 切小丁，生姜切成末。

9. 起油锅。油热后爆香姜末。

10. 下入青笋丁翻炒均匀。

11. 添加煮蛏的原汤。可以适量添加热水，烧开。

12. 烧汤的时候，同时开始搓面疙瘩。将面粉盛在大碗里，一点一点地添加水。

加一点水，马上用筷子搅拌，然后沿碗边搓成湿面疙瘩。

马上搅匀。

15. 倒入清洗好的蛏子肉。

16. 用盐和白胡椒粉调味。

17. 蛋花浮起，立马关火，撒上葱碎即可出锅。

13. 锅开后，把搓好的面疙瘩均匀撒在煮沸的汤里。

14. 煮沸以后，淋入搅好的鸡蛋液，

温馨提示

1. 若是蛏子有泥沙，清洗蛏子的外部后，需要用盐水浸泡蛏子，这样更有利于蛏子把脏物吐净。

2. 第6步的动作可重复两到三次，直至原汤汁白洁净。根据蛏子肉的干净程度决定清洗的次数，本来就特别干净的蛏肉就无需清洗了。

3. 第12步的操作，将水龙头调成滴水状态最好。我是用手一点点蘸水朝面碗里洒水，另一只手在碗里搅拌和搓面。动作随意，直至碗里所有的面粉都被搓成均匀细碎的小面疙瘩就成了。

4. 第13步的操作，注意不要一股脑把面疙瘩全倒进锅里，那样面疙瘩容易互相粘连成大块面疙瘩。面疙瘩撒进锅里后，马上用勺子抄底搅匀。

5. 若是面疙瘩搓大了的话，需要多煮一会儿，煮至面疙瘩无硬心为宜。

茼蒿虾米疙瘩汤

原料：

茼蒿 1 把，虾米 20 克，面粉 100 克，鸡蛋 2 个，小葱 2 棵，生姜 1 小块。

做法：

1. 在面粉中一点点添加水。一边添加，一边用筷子沿碗边搅拌，直至把干面粉全部搅成细碎的小面疙瘩。

2. 将茼蒿洗净沥干，切段；小葱和生姜切碎，备用。

3. 起油锅，爆香虾米。

4. 加入葱、姜末，煸香。

5. 下入茼蒿梗，煸炒。

6. 冲入热水烧开，用筷子把湿面疙瘩分次下入锅中，一边拨，一边搅拌。

7. 开锅后用小火滚煮一会儿，煮至

面疙瘩无硬心，淋入搅好的鸡蛋液。

8. 添加茼蒿段和葱花。

9. 加盐和白胡椒粉，煮至茼蒿段变软即可关火。

温馨提示

1. 提前用油爆一下虾米，鲜香味会更浓。

2. 做面疙瘩时，水要一点点地往碗里倒，一边倒水一边不停地搅拌，而且一定要用凉水。这样面疙瘩才会做得又小又细，入锅即熟；不小心做大了的面疙瘩，入锅之前可以用刀切一下。

3. 要把面疙瘩分次下入锅中，不能一下子倒入锅里，而且下锅后要马上搅动，以免造成粘连。

4. 面疙瘩可以换成面条、面豆、面片、馄饨等。

5. 虾米可以换成蛤蜊、干贝或者虾仁等。不喜欢海鲜的可以用一点点花肉爆锅。茼蒿也可以换成菠菜、油菜、生菜等绿叶菜。

全手工汤圆

原料：

水磨精制糯米粉 200 克，温水 180 克，花生 130 克，糖 65 克，猪油 65 克。

做法：

1. 将花生用小火在平锅里烘熟。

2. 凉透后去皮。

3. 用擀面杖擀碎。

4. 在花生粉末中添加适量的白糖和猪油。

5. 搅拌均匀，团成一个个小团。

6. 在水磨糯米粉里添加温水，一边添加，一边搅拌。

7. 揉成软硬适中的光滑面团。盖上保鲜膜饧 20 分钟。

8. 分成等大的小面剂。

9. 取一面剂在掌心间揉圆按扁，放入一团馅料。

10. 用虎口和指尖小心把面皮包裹好，收口处要捏紧。

11. 在掌心间重新团圆后，静置。

12. 坐锅烧水，水开后下入汤圆。

13. 煮开后，继续用中小火滚煮至汤圆浮起即可。

温馨提示

1. 做汤圆用水磨糯米粉更好，口感软滑易操作。若是用普通糯米粉，米粉加水揉成面团后，可先揪下一块面团在开水中煮一下，然后再和原面团揉在一起。这样可增加黏性，包馅的时候不容易开裂。

2. 糯米粉牌子不同，吸水性也不同，所以糯米粉的加水量要灵活掌握。

3. 可以根据自己的喜好选择芝麻、豆沙、果酱等做馅料。

4. 忌讳猪油的，可以用其他植物油或蜂蜜代替，只要能把馅料团成团即可。太软的馅料不好包。馅料拌好以后可以放入冰箱冷藏，用时取出。

5. 面团的软硬程度自己把握，加水量要灵活掌握。越软的越好吃，但面团太软不好操作，易粘手；太硬了也不行，易裂口。所以和面的时候，水要一点点地试着添加，感觉软了再加点粉，感觉硬了可以再加点水。

6. 面团需要饧一下，这样延展性更好。饧面团的时候需要用保鲜膜或者拧干的湿毛巾覆盖。

7. 面皮包入的馅料不要贪多，太多了不好操作。汤圆的收口处一定要捏紧，否则在煮的过程中容易露馅。

8. 汤圆好吃，但热量高，难消化，忌过量食用。